广西优秀传统文化
出版工程

"自然广西"丛书

史前人类足迹

谢光茂　黄少崇　著

微信 / 抖音扫码

广西科学技术出版社
·南宁·

图书在版编目（CIP）数据

史前人类足迹 / 谢光茂，黄少崇著 .—南宁：广西科学技术出版社，2023.9
（"自然广西"丛书）
ISBN 978-7-5551-1979-1

Ⅰ.①史… Ⅱ.①谢…②黄 Ⅲ.①古人类学 Ⅳ.① Q981

中国国家版本馆 CIP 数据核字（2023）第 167927 号

SHIQIAN RENLEI ZUJI

史前人类足迹

谢光茂 黄少崇 著

出 版 人：梁 志	**装帧设计**：韦娇林 陈 凌	
项目统筹：罗煜涛	**美术编辑**：陈 凌	
项目协调：何杏华	**责任校对**：冯 靖	
责任编辑：陈剑平	**责任印制**：韦文印	

出版发行：广西科学技术出版社
社　　址：广西南宁市东葛路 66 号
邮政编码：530023
网　　址：http：//www.gxkjs.com
印　　制：广西民族印刷包装集团有限公司

开　　本：889 mm×1240 mm 1/32
印　　张：6
字　　数：130 千字
版　　次：2023 年 9 月第 1 版
印　　次：2023 年 9 月第 1 次印刷
书　　号：ISBN 978-7-5551-1979-1
定　　价：36.00 元

总序

江河奔腾，青山叠翠，自然生态系统是万物赖以生存的家园。走向生态文明新时代，建设美丽中国，是实现中华民族伟大复兴中国梦的重要内容。

进入新时代，生态文明建设在党和国家事业发展全局中具有重要地位。党的二十大报告提出"推动绿色发展，促进人与自然和谐共生"。2023 年 7 月，习近平总书记在全国生态环境保护大会上发表重要讲话，强调"把建设美丽中国摆在强国建设、民族复兴的突出位置"，"以高品质生态环境支撑高质量发展，加快推进人与自然和谐共生的现代化"，为进一步加强生态环境保护、推进生态文明建设提供了方向指引。

美丽宜居的生态环境是广西的"绿色名片"。广西地处祖国南疆，西北起于云贵高原的边缘，东北始于逶迤的五岭，向南直抵碧海银沙的北部湾。高山、丘陵、盆地、平原、江流、湖泊、海滨、岛屿等复杂的地貌和亚热带季风气候，造就了生物多样性特征明显的自然生态。山川秀丽，河溪俊美，生态多样，环境优良，物种丰富，广西在中国乃至世界的生态资源保护和生态文明建设中都起到举足轻重的作用。习近平总书记高度重视广西生态文明建设，称赞"广西生态优势金不换"，强调要守护好八桂大地的山水之美，在推动绿色发展上实现更大进展，为谱写人与自然和谐共生的中国式现代化广西篇章提供了科学指引。

生态安全是国家安全的重要组成部分，是经济社会持续健康发展的重要保障，是人类生存发展的基本条件。广西是我国南方重要生态屏障，承担着维护生态安全的重大职责。长期以来，广西厚植生态环境优势，把科学发展理念贯穿生态文明强区建设全过程。为贯彻落实党的二十大精神和习近平生态文明思想，广西壮族自治区党委宣传部指导策划，广西出版传媒集团组织广西科学技术出版社的编创团队出版"自然广西"丛书，系统梳理广西的自然资源，立体展现广西生态之美，充分彰显广西生态文明建设成就。该丛书被列入广西优秀传统文化出版工程，包括"山水""动物""植物"3个系列共16个分册，"山水"系列介绍山脉、水系、海洋、岩溶、奇石、矿产，"动物"系列介绍鸟类、兽类、昆虫、水生动物、远古动物、史前人类，"植物"系列介绍野生植物、古树名木、农业生态、远古植物。丛书以大量的科技文献资料和科学家多年的调查研究成果为基础，通过自然科学专家、优秀科普作家合作编撰，融合地质学、地貌学、海洋学、气候学、生物学、地理学、环境科学、历史学、考古学、人类学等诸多学科内容，以简洁而富有张力的文字、唯美的生态摄影作品、精致的科普手绘图等，全面系统介绍广西丰富多彩的自然资源，生动解读人与自然和谐共生的广西生态画卷，为建设新时代壮美广西提供文化支撑。

八桂大地，远山如黛，绿树葱茏，万物生机盎然，山水秀甲天下。这是广西自然生态环境的鲜明底色，让底色更鲜明是时代赋予我们的责任和使命。

推动提升公民科学素养，传承生态文明，是出版人的拳拳初心。党的二十大报告提出，"加强国家科普能力建设，深化全民阅读活动"，"推进文化自信自强，铸就社会主义文化新辉煌"。"自然广西"丛书集科学性、趣味性、可读性于一体，在全面梳理广西丰富多彩的自然资源的同时，致力传播生态文明理念，普及科学知识，进一步增强读者的生态文明意识。丛书的出版，生动立体呈现八桂大地壮美的山山水水、丰盈的生态资源和厚重的历史底蕴，引领世人发现广西自然之美；促使读者了解广西的自然生态，增强全民自然科学素养，以科学的观念和方法与大自然和谐相处；助力广西守好生态底色，走可持续发展之路，让广西的秀丽山水成为人们向往的"诗和远方"；以书为媒，推动生态文化交流，为谱写人与自然和谐共生的中国式现代化广西篇章贡献出版力量。

"自然广西"丛书，凝聚愿景再出发。新征程上，朝着生态文明建设目标，我们满怀信心、砥砺奋进。

考古八桂史前人类

探索壮美广西
追寻远古先民足迹

微信/抖音扫码

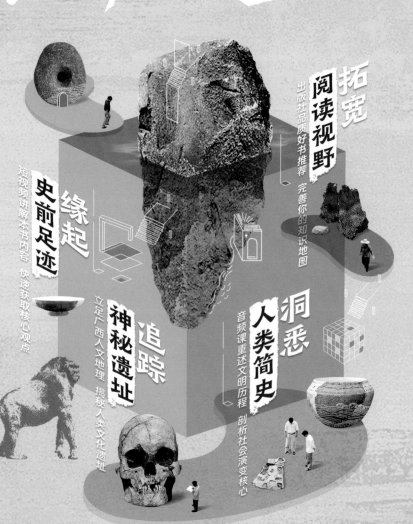

拓宽
阅读视野
出版社品质好书推荐 完善你的知识地图

缘起
史前足迹
短视频讲解本书内容 快速获取核心观点

追踪
神秘遗址
立足广西人文地理 揭秘人类文化遗址

洞悉
人类简史
音频课重述文明历程 剖析社会演变核心

目录

综述：我们从哪里来

人是从哪里来的呢？在中国民间神话中，人由盘古和女娲分工制造；在古希腊神话中，人由众神创造；在北欧神话中，人类从混沌开始，由奥丁等三个神仙共同创造……随着科学的发展，人们发现人类是由某种生物进化而来的，至于是什么生物，有史前鲨鱼说，有古猿说。目前科学界普遍认为，人类和猿有共同的祖先。

旧石器时代是人类的童年时期，是人类历史的最早阶段。它跨越的时间距今 260 万—1 万年，占据人类历史 99% 以上的时间。如果把人类历史比作一本 100 页的书，旧石器时代以后的历史不到 1 页，其余全部属于旧石器时代。旧石器时代一般分为早期（距今 260 万—13 万年）、中期（距今 13 万—5 万年）和晚期（距今 5 万—1 万年），大体上分别相当于人类体质进化的能人和直立人阶段、早期智人阶段、晚期智人阶段。

从人猿揖别开始到真正的现代人类的出现，其间经历了数百万年的演化。刚出现的人类身上带有许多古猿的特征，如前额低矮、眉脊粗壮、颧骨高凸、吻部突出、下巴短小等，经过不断演化，这些特征逐渐减弱直至消失。整

个演化过程由远及近可分为几个阶段，即南方古猿→能人
→直立人→早期智人→晚期智人→现代人。南方古猿生存
年代距今 440 万—150 万年，它们的骨骼支架部分已经适
于直立行走，但是手臂仍然比较长，肩部肌肉比较发达，
趾也很长，适于抓握。因此，南方古猿可以直立行走，也
可以在森林中攀缘，但仍不适于在草原上长途跋涉与奔跑。

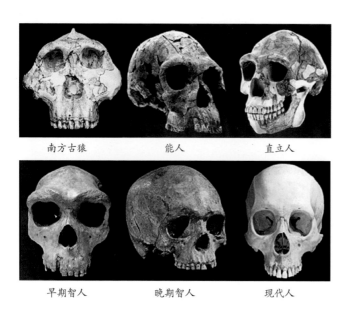

南方古猿　　　　能人　　　　直立人

早期智人　　　晚期智人　　　现代人

人类演化各主要阶段的头骨化石及特征比较

古人类学家推测的南方古猿活动场景

　　大约距今 250 万年，南方古猿进化到了早期猿人，即能人。他们的脑容量增大，智力水平与古猿相比有了很大提高。能人已经能够制造很粗糙的石器——这标志着他们从此成为真正的人类。

　　能人继续在他们的领地生活。新鲜事物的刺激，生存条件的改变，双手的解放，等等，促使能人慢慢继续进化。大约距今 180 万年，其中的部分能人就进化成了

能人复原图

直立人——从此站起来了，可以较为自由地生活了。相对于能人，直立人的大脑容量明显增大，早期成员的脑容量就已经达到 800 毫升左右，晚期成员达到 1200 毫升左右。直立人不仅大脑的容量增大了，其结构也变得更加复杂，发生重新改组，能够产生复杂的文化行为，并掌握有声语言的能力——开始学说话。直立人已经完全脱离树栖生活，身体结构不再适于攀缘，最显著的变化是他们能够依靠双脚行走，也能够用双脚奔跑。更重要的是，他们会使用火，吃上了"烧烤"。

大约距今 20 万年，直立人进化到智人，即"智慧的人"。智人又分为早期智人（距今 20 万—5 万年）和晚期智人（距今 5 万—1 万年）两个不同的发展阶段。

早期智人的体质有了进一步的发展，但还保留了一些原始的特征，他们已经懂得利用兽皮做粗陋的衣服，不再像猿人那样赤身裸体，不但能熟练用火，还懂得人工生火。大约距今 5 万年以后，现代人的直接祖先——晚期智人出现了。到了晚期智人阶段，猿人的特征几乎全部消失，身体的各个方面（包括脑容量），已完全发展到现代人的水平。晚期智人不仅会制作复杂的石器，还会用骨头制作有倒钩的鱼叉和缝衣服的骨针，画壁画以及制作雕塑等。

旧石器时代，人类制作和使用的工具主要是打制石器。这些打制石器比较原始、简单，就是用一块石头做石锤打击石料，再将石料加工成石器。广西发现的旧石器通常由砾石（河卵石）直接加工而成，器型粗大、厚重；到了旧石器时代晚期，才出现用石片制作的小石片石器。新石器时代大约始于 12000 年前，终于约 4000 年前。新石器时代，人类的生产生活发生了很大的变化，人们开始制作和使用磨制石器，发明了陶器，并且出现农耕；人们开始建造房子、驯养猪狗等动物，过上定居的生活。旧石器时代和新石器时代构成了人类历史的早期阶段——史前时期，即文字出现以前的历史。

广西位于祖国南疆，南邻北部湾，西北倚靠云贵高原，地势西北高而东南低。北回归线横贯广西中部，气候温热湿润，地形复杂多样，山地、丘陵、盆地、平原广泛分布，岩溶地形发育，洞穴众多，河流、湖泊密布，动植物种类繁多。这种优越的自然地理环境，为史前人类提供了理想的居住环境和生活条件，如上山可以打猎和采集花果，下水可以捕捞鱼虾螺蚌，成为史前人类理想的栖息场所。史前人类看上了这样一块风水宝地，距今约80万年，百色盆地生活着一群"广西籍"的直立人。他们用河卵石制造砍砸器、手斧等工具，猎取食物，从山上的飞禽走兽、树上的野果，到河里的鱼虾螺蚌，无不猎食。在后来的考古中，发掘出他们留下的众多动物残骸的化石，如猴、象、犀牛、熊、豹等数十种，展示了他们当时丰硕的劳动成果。这说明，远在距今约80万年，史前人类就踏上了广西这片热土，在这里繁衍生息、辛勤耕耘，创造出灿烂的广西史前文化。

广西于20世纪50年代发现人类化石。1955—1957年，由中国科学院古脊椎动物与古人类研究所裴文中、贾兰坡两位教授率领的广西工作队，对广西洞穴进行了两次规模较大的调查和发掘，寻找人类化石和巨猿化石。1956年1月，他们在来宾县（今来宾市）麒麟山盖头洞发现了麒麟山人头骨化石。1958年，柳江人化石在柳江县（今柳州市柳江区）新兴农场被发现。60年代后期至20世纪末，考古人员发现更多的古人类化石，在约20个山洞里发现古人类的牙齿化石，有的还发现人类骨头化石，这些人类化石主要有都安县九楞山人、柳江县土博人、柳州市都乐人、隆林县德峨人、田东县定模洞人、桂林宝积岩人等。进入21世纪后，陆续发现田东么会洞人、扶绥南山洞人、崇左智人洞人、隆安娅怀洞人等人类化石。广西境内已发现人类化石遗址24处，遍及大部分地区，包括南宁、柳州、桂林、河池、百色、崇左、来宾等地。经研究，广西发现的古人类化石属于人类进化过程中的直立人阶段和晚期智人阶段，代表性的化石有么会洞人、智人洞人、柳江人和娅怀洞人的化石。

　　广西史前考古在中国南方和东南亚地区的考古研究中具有非常重要的地位。北京猿人第一个头盖骨发现者、著名古人类学家裴文中院士曾指出："中国可以成为古人类学研究的中心，广西是中心的中心。"广西史前文化和周边地区（包括越南）的史前文化有不少相同或相似之处，反映了史前人类的互动和文化交流。同时，广西史前文化具有明显的地方特征，这是远古先民在适应本地区独特的自然地理环境过程中创造出富有地方特色文化的结果。广西史前考古资源丰富，潜力巨大，越来越多的国内外考古学者聚焦广西这片热土，与广西的考古同行通力合作，追寻远古先民的足迹，探索人类的未知过去。也许在不久的将来，会有更多重要的考古发现展示在世人面前。

巨猿故乡

巨猿是早已灭绝的古猿，是曾经生活在地球上最大的灵长类动物，其形态特征介于猿类和人类之间。1956年初，中国科学院古脊椎动物与古人类研究所古人类学家裴文中、贾兰坡带队来到广西，在大新县那隆屯发现了巨猿牙齿化石，在柳城县找到了巨猿下颌骨化石。

迄今为止，世界上发现巨猿化石地点共10处，只有2处在国外。中国境内有8处，其中6处在广西，分布在柳城、大新、武鸣、巴马、田东、崇左等地。广西发现的巨猿地点最多、材料最丰富，可谓是巨猿的故乡。巨猿化石的发现，对研究人类的起源和进化有着重要的意义。

微信 / 抖音扫码

世界巨猿化石最多的地方

看过电影《金刚》和《奇幻森林》的人都知道，里面有两个角色——金刚和路易王，它们都是体型巨大的类人猿。尤其是金刚，简直是庞然大物，在电影里它不仅战胜了哥斯拉，还打败了霸王龙。但不幸的是，它最终没有战胜人类，倒在了人类的枪炮之下。

非常巧合的是，金刚和路易王在科学界是有原型的。虽然没有直接的联系，但是科学家发现地球上曾经存在一种巨猿。

巨猿是已灭绝的古猿，生存于距今100万—20万年。巨猿体型巨大，站立时高达3米，重500多千克，是曾经生活在这个地球上最大的灵长类动物。巨猿是高等化石灵长类中重要的种类，它们的形态特征介于猿类和人类之间。因此，学界对巨猿的分类曾经出现两种不同的观点，一些学者把巨猿归属猿科，另一些学者则认为归属人科。如今，巨猿普遍认为属于猿类。

讲起这个故事要回到1935年。当时德籍荷兰古人类学家孔尼华在香港的一家中药店里偶然发现一枚巨大的灵长类牙齿化石。面对这颗特殊的牙齿化石，孔尼华思索良久，想不出应归于哪一种已知的动物，只好暂时搁置下来。过了四年，他在香港和广州的中药店里继续搜

科学家根据化石复原的巨猿像

寻，试图解开这个一直系在心中的谜团。很幸运，他终于又找到了 3 枚同样的牙齿化石。经过一番研究，孔尼华认为这是地球上已经灭绝了的最大古猿的牙齿，这种古猿属于一个新的种类，于是将其命名为"巨猿"。但是过了不久，日本侵略者占领了爪哇岛，孔尼华成了日军的俘虏。被俘前，为了保存巨猿化石，他将这来之不易的 4 枚牙齿化石装到玻璃瓶里，埋在朋友家的后院内。

几乎与此同时，由于日军侵占北京，原先在北京协和医学院从事北京猿人化石研究的著名古人类学家魏敦瑞也回到了美国。他在纽约自然历史博物馆里对孔尼华发现的 4 枚巨猿牙齿化石模型重新进行研究。由于在爪哇岛发现的猿人化石体型相当大，因此魏敦瑞认为现代人是通过古代人逐渐变小的，或者说"矮化"而来的。于是，他在 1946 年出版了《猿、巨猿和人》一书，论述了巨猿的牙齿，认为这些牙齿是人的而不是猿的，把孔尼华鉴定为巨猿的名字修订为"巨人"。

日本侵略者投降后，孔尼华从日军的战俘营中被释放出来。当他读到魏敦瑞独树一帜的理论之后，感到十分惊讶。于是，他决心搜集更多与巨猿相关的材料，并进行深入研究，与魏敦瑞展开论战。

1954 年，孔尼华在香港和东南亚各地的中药店里又搜集到 20 枚各类牙齿化石，其中有 7 枚是巨猿的。但是这些化石来自何处，埋藏在哪个地层里，伴生的动物还有哪些，这一连串的问题始终在他的脑子里萦回。而对他来说，别无他法，仍寄希望到中药店的"龙骨堆"中去寻找答案。"龙骨"，即哺乳动物骨骼和牙齿化石，其千百年来一直是传统中药中的一种药材，具有重镇安

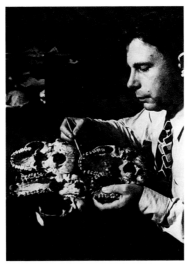

古人类学家孔尼华（左）和魏敦瑞（右）在美国博物馆工作时的留影。20世纪40年代，他们曾在美国博物馆里做过古猿、直立人和现代人的比较研究。孔尼华认为，巨猿在分类系统上属于猿类，而魏敦瑞则认为巨猿具有类似人的特征，应该归为人类。当时他们的争论难分伯仲，以至在学界形成两种不同的观点

神、镇惊安定、敛汗固精、止血涩肠、生肌敛疮的功效，在中国和东南亚地区的中药店中广为应用。

孔尼华决心继续调查研究。在思考中，他找到一点线索，与这些牙齿在一起的"龙骨"中，可以鉴定出其他的动物，如猩猩、大熊猫、巨貘、熊、犀牛、剑齿象等大量动物化石。这些化石，正是华南地区洞穴中经常挖掘到的。

与此同时，中国科学院古脊椎动物与古人类研究所的古人类学家裴文中、贾兰坡等对孔尼华发现的巨猿，以及孔尼华、魏敦瑞二人关于巨猿分类地位的争论高度关注。他们认为，要解决是巨猿还是巨人这个问题，必须把调查的目光集中到广西与广东一带，因为那里离香港最近，中药中的"龙骨"几乎有一半的供应来自那里。同时，中药店中与巨猿化石在一起的一些动物化石，如猩猩、大熊猫、巨貘、熊、犀牛、剑齿象等，在广西、广东的洞穴堆积物中常有发现。于是，他们率领中国科

裴文中（1904—1982），著名古人类学家与史前考古学家，中国古人类学、第四纪地质学与史前考古学的奠基人，中国科学院院士。北京猿人第一个头盖骨的发现者。他最初于20世纪30年代开始探查广西桂林等地洞穴，发现一批史前文化遗存，首次提出中国存在中石器时代的论点，引起国内外学界的关注。20世纪50—60年代，他率队再探广西各地洞穴，先后发现麒麟山人和柳江人头骨化石、柳城巨猿下颌骨及大批牙齿化石。他在广西的辛勤工作，推动了广西史前考古和文物保护工作的起步和发展

贾兰坡（1908—2001），著名史前考古学家、古人类学家，中国科学院院士、美国国家科学院外籍院士、第三世界科学院院士。1935年，他接替裴文中主持周口店的发掘，连续发现3个北京人头盖骨。他一生足迹遍布全国，著述等身，为中国旧石器时代考古学、古人类学研究作出了重大贡献。20世纪50—60年代，他和裴文中率队到广西各地进行考古调查，发现来宾麒麟山人化石、大新巨猿牙齿化石等，为广西的史前考古作出了重大贡献

学院古脊椎动物与古人类研究所广西工作队，于 1955 年开始对广西洞穴进行调查。

1955 年 12 月下旬，工作队由北京抵达南宁后，分头对广西省、市供销社和药材收购站仓库里的大量从各地收购的"龙骨""龙牙"进行挑选，从中选出一批较为少见的第四纪哺乳动物牙齿化石标本。其中，令大家兴奋的是找到了数枚巨猿牙齿化石（巨猿的牙齿很好辨认，因为猿类的牙齿中，巨猿的牙齿最巨大，有厚厚的珐琅层、高高的齿冠和矮牙尖，对着光看还有微红色的闪光，光润耀眼，好像宝石，非常好看）。这初步解决了悬而未决的第一个问题，即孔尼华在香港和广州所得的巨猿牙齿化石，来自中国广西石灰岩洞穴，继而确定了工作目标：广西某些洞穴是昔日巨猿的栖息之所。一场洞穴探宝的攻坚战就这样打响了。

当问到这些"龙骨"来自何处时，供销社和药材收购站的人都答不上来。因为他们把收购来的"龙骨"都堆在了一起，然后装入麻袋运往外地，根本不知道哪块"龙骨"是从哪里来的。

巨猿线索又断了。怎么办呢？工作队决定兵分两路，一路由裴文中带领，到南宁以北的地区寻找；另一路由贾兰坡率领，往南宁以南的地区搜寻。经过一段时间的调查，除了在柳州市、柳江县和崇左县的洞穴中发现一些打制石器和动物化石，巨猿牙齿化石一直未能在这些洞穴中找到。在南宁药材收购站仓库所获的巨猿牙齿化石，来自广西哪个洞穴，是在什么地层出土的，工作队员虽有坚定的信心，但也都焦虑地企盼着，期望早日发现真相。

　　大新县是广西西部县。这里山水秀美，岩溶地貌发育良好，石灰岩洞穴颇多，也许巨猿的家就在这崇山峻岭的山洞里。由贾兰坡带领的工作队来到大新县城了解情况。经过工作队员的宣传，当地群众提供了一条重要线索：这里的榄圩区正隆乡发现的"龙骨""龙牙"最多。根据这一线索，贾兰坡带领队员来到了正隆乡。

　　1956年2月15日，工作队到达正隆乡政府所在地那隆屯。屯子不大，坐落在一个山谷里，只有20来户人家。乡支书和乡长非常重视和支持，当他们知道工作队的来意后热情地介绍说，正隆乡的"龙骨""龙牙"都是该村农民在牛睡山黑洞里发现的，其重量已有50多千克，而现在群众手中还保存有不少。第二天，在群众的指引下，工作队员顶着瑟瑟寒风，向正隆乡牛睡山出发。他们冒着雨，手脚并用，拽着树枝、攀着石头往陡峭的山上爬，好不容易找到那个被称为"黑洞"的洞穴。该洞洞口高出地面约90米，洞内长20多米，从洞口往里是一条窄道，走到尽头才开阔成室。经过群众现场指证，化石是在洞底上的暗紫色砂黏土中发现的。由于农民挖岩泥，洞中堆积已保存不多。剩下的小块堆积经过工作队员发掘，发现的化石却不少，其中还有多枚猩猩的牙齿和猴的牙齿等。

　　为了收集群众手中保存的化石，工作队召开了两次群众见面会。经过工作队员的反复宣传、讲解，全村的群众都发动起来了，纷纷交出自己在黑洞中挖到的化石。令工作队最为兴奋的是，在这些化石中，就有3枚巨猿牙齿化石。这是第一次在广西洞穴发现的巨猿牙齿化石，寻找巨猿化石产地的调查工作取得了突破性的进展。

工作队经过 40 天的长途跋涉，终于找到了巨猿的家，那种喜悦的心情无以言表。

出土巨猿化石的黑洞也因此被命名为"大新巨猿洞"。

另一路裴文中带领的工作队，也在柳城县找到了巨猿化石。

之后，考古工作队在广西各地陆续发现了巨猿化石。

迄今为止，世界上发现巨猿化石地点共 10 处。在国外只有 2 处，一处在印度，另一处在越南。中国境内有 8 处，除湖北建始县高坪龙骨洞和重庆巫山县庙宇镇龙骨坡这 2 处外，其余 6 处都在广西境内，分布在柳城县、大新县、南宁市武鸣区、巴马瑶族自治县、田东县、崇左市等地。广西发现的巨猿地点最多、材料最丰富，可谓是巨猿的故乡。巨猿化石的发现，对研究人类的起源和进化有着重要的意义。

巨猿和直立人生活在同一时代，但他们的食性有所不同，巨猿以素食为主，尤其偏爱吃竹子；而直立人是杂食动物，荤素通吃。图为科学家所描绘的直立人在狩猎时与一群在竹林里吃竹子的巨猿相遇的画面

柳城巨猿洞

1956 年的春天，裴文中和贾兰坡在南宁兵分两路，向不同方向进发，寻找巨猿化石。贾兰坡一行在大新县发现了大新巨猿洞，成果斐然。裴文中一行也在柳州发现了一些化石，但他们的目标是寻找巨猿化石。

1956 年底，再过几天就是元旦了，裴文中第二次率队抵达南宁，计划对广西各地洞穴进行重点调查，扩大寻找范围，以寻找更全面的巨猿化石材料。工作队抵达南宁前夕，广西博物馆（现广西壮族自治区博物馆）收到由柳州市文化局送交的一个像人但比人硕大的下颌骨化石。工作队刚到南宁，博物馆的专业人员就迫不及待地拿着这块化石，到明圆饭店请裴文中鉴定。当来人打开包裹，将下颌骨化石放到裴文中手上时，他惊呆了，双手有点发颤，两眼全神贯注，停留在化石上，左右审视，上下翻看，爱不释手，久久才激动万分地说："巨猿下颌骨化石！"此时此刻，裴文中万分兴奋，队员们也为这一重大发现而欢欣鼓舞。这是人们期待着的，也是裴文中朝思暮想的发现，没想到来得那么快，那么突然！

柳城县长漕乡新社冲村村民覃秀怀做梦也想不到，他偶然的一次"买卖"竟成就了一次考古史上的惊天大发现。

　　1956 年的一天，覃秀怀来到村后约 500 米的楞寨山硝岩洞挖硝石，准备挑回去做肥料。他挖着挖着，翻出一块"石头"。定睛一看，这"石头"并非石头，而是"龙骨"。他看到过别人拿类似的"龙骨"到供销社卖钱，知道这"龙骨"是值钱的宝贝。他继续翻找，又得到了一些"龙牙"。覃秀怀将"龙骨""龙牙"收集好，一起拿到柳江县洛满圩供销社卖。供销社此前已接到通知，不再收购此类物品。覃秀怀正在彷徨中，恰好洛满人民

柳城巨猿洞所在的楞寨山（前）为一石灰岩孤山，山前为新社冲村。这里孤峰翠竹，田舍相连，景色迷人

银行营业所主任韦耀社正在那里，看到覃秀怀所得的"龙骨""龙牙"中有个巨大的像是人的下颌骨，认为可能有科学研究价值。他在征得覃秀怀同意后把它留了下来，随后转交到柳州市文化局，由该局再送至广西博物馆。

覃秀怀，柳城巨猿洞的发现者和守护人

此后，覃秀怀甘当巨猿洞的保护者，经常攀爬到洞中去查看是否有人盗挖，甚至去世后家人根据他的遗愿把他埋葬在巨猿洞山脚，与巨猿洞相守相伴。

几经周折，这块巨猿下颌骨化石终于交到了裴文中的手里。大家知道这块化石的来龙去脉后，不禁庆幸地叹道：好惊险！

为了解决巨猿的出土层位和年代等问题，1957年1月，工作队对硝岩洞进行发掘。该洞离山脚高约90米，洞内长28米；崖壁陡峭，登洞道路艰险。裴文中带领工作队开始搭架，架上再吊下一条长缆绳，队员抓住缆绳向上攀登入洞。发掘工作从洞口开始，起初没有重大发现，只发现一些大熊猫–剑齿象动物群常见的动物骨头和牙齿化石。发掘转入洞内后，情况才有所转变，开始发现大家盼望已久的巨猿牙齿化石。而后，好像有规律似的，每隔几天总有巨猿牙齿化石出土。发掘队员精神振奋，越挖越起劲。特别是3月初，达到了高潮，连日都有巨猿牙齿化石出土。3月8日更令人难忘，又有重大发现：第二个巨猿的下颌骨化石出土了！

按照计划，此次调查、发掘工作将在3月10日前结束。9日，工作队员们一边将挖出的化石装箱待运，一边继续进行发掘。意想不到的是，当天下午，大家即将收工时，又出土了2枚巨猿牙齿化石，大家再一次喜出望外，兴奋不已。

古人类学家裴文中教授（后左二）
率领工作队员探访柳城巨猿洞

裴文中教授（中）等人在柳城巨猿洞发掘的情景

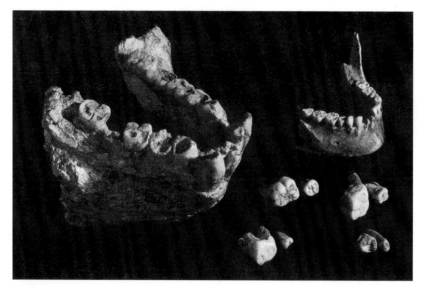

柳城巨猿洞发现的巨猿下颌骨和牙齿与现代人类的比较

　　1957 年对柳城巨猿洞的发掘取得重大的收获，共发现了 3 个巨猿下颌骨化石和 1000 多枚巨猿牙齿化石，代表 70 多个巨猿个体。3 个下颌骨化石中，2 个是老年的，1 个是青年的；2 个为雄性的，1 个为雌性的。在一个山洞中发现如此众多的巨猿化石，实属罕见，这使得柳城巨猿洞成为迄今为止世界上发现巨猿化石最丰富的地点。

　　这个不寻常的山洞后来被命名为"柳城巨猿洞"。

　　随后，考察队像候鸟一样，每年冬天定时来到这里。经过 1957 年、1958 年、1959 年、1960 年、1962 年、1963 年多次的挖掘，在原来发现巨猿 1 号洞的基础上，又发现了巨猿 2 号洞。

　　柳城巨猿洞由于出土了丰富的巨猿化石和动物化石，1963 年被公布为广西壮族自治区文物保护单位。1986 年 3 月，按照文化部、建设部及自治区文化厅、自治区建设委员会的要求，划定柳城巨猿洞的保护范围及建设控制地带。2013 年，柳城巨猿洞被公布为全国重点文物保护单位。

　　从此，柳城巨猿洞名扬海内外。

红土地上的『宝藏』

　　位于广西西部的百色盆地气候温热，雨量丰沛，地貌多种多样，动植物资源丰富，几十万年来的湿热气候使这里的泥土变成砖红色。七八十万年前，我们的远古祖先就看上了这块红土地，在这里繁衍生息，创造出灿烂的手斧文化。考古专家在百色盆地发现了数量众多的手斧。手斧是人类历史上最早出现的反映人类对称意识的工具，也是旧石器时代早期、中期技术含量最高的一种生产工具。它采用双面打制的技术，体现当时的古人类已经具有了一定的审美观念和空间思维。这些手斧的年代为距今约 80 万年，其精巧程度足以和非洲著名的阿舍利手斧媲美，一举斩断了西方带有某种种族歧视色彩的"莫氏线"。

百色手斧的发现

位于广西西部的百色盆地,总面积约 800 平方千米。西江主要支流之一——右江,发源于云南境内的西洋江和驮娘江,由西向东穿越百色盆地,在南宁市江南区与左江合并后,东流汇入西江。盆地内气候温热,雨量丰沛,地貌多种多样,动植物资源丰富。在盆地河谷地带的山坡上,到处是翠绿的芒果树。几十万年来的湿热气候使这里的泥土变成砖红色。夕阳之下,山上的红色土与芒果树的翠绿交相辉映,格外美丽,尽显南国的田园气息。七八十万年前,我们的远古祖先就看上了这块风水宝地,在富饶的红土地上繁衍生息,创造出灿烂的手斧文化。

距今大约 80 万年,百色盆地的上空,突然出现一个巨大的火球,熊熊燃烧的烈焰划过天际,坠落到河谷。居住于此的古人类,惊恐地目睹了这个景象。是什么从天而降,这个盆地的考古发现又是如何改写人类历史的?

1973 年秋,中国科学院古脊椎动物与古人类研究所和广西壮族自治区博物馆组成的考察队,从南宁出发,一行人坐着苏联产的破旧篷布汽车,风尘仆仆地来到百色盆地进行地层古生物考察。考察队根据之前的勘察，分成几拨人马对百色市西南上宋村附近的小山丘进行搜索。

10月21日，专家们走在前面，广西壮族自治区博物馆的考察队员赵仲如习惯性地一个人跟在后面，一边走，一边拿着地质锤到处扒拉。他将茂密的草丛拨开，仔细观察有没有化石。找着找着，没有发现化石，却在草丛的根部看到了石器。他不禁加快动作，一会儿就搜集到五六件石器。赵仲如赶紧呼喊同伴："尤玉柱，柱子，回来！这里发现石器，快点过来看！"听到呼喊声，中国科学院古脊椎动物与古人类研究所专家尤玉柱和几名队员立即赶过来一起查看，现场确认这是几件打制石器。当天，考察队以这几件石器的发现地为中心，在周围的冲沟和表层泥土里不断寻找，共搜寻到11件打制石器。后来，尤玉柱把这11件石器带回北京，找到中国科学院石器研究专家李炎贤，对这些石器进行了进一步的研究。1975年，李炎贤与尤玉柱联合发表了《广西百色发现的旧石器》一文，认为这些石器属于旧石器时代晚期（距今5万—1万年）。这一发现，立即引发了国内外史前考古学界的极大关注。

1982年，广西壮族自治区博物馆何乃汉率领的文物普查队，在百色盆地又发现了一批旧石器地点，采集了大量的石器，其中有数量众多的手斧。他们肩挑背扛，从山上把这些每件重达一两千克的石器运到公路边，再用车拉回博物馆。此后，以广西右江革命文物馆曾祥旺领头的百色地区文物工作者，也在百色盆地进行了多次调查，采集了包括手斧在内的大量石器。自1975年以

素有"考古富矿"之称的百色盆地，风光
绮丽，百色手斧就发现于这种红土山坡上

来长达 10 年的时间里，在长约 90 千米、宽约 15 千米、面积 800 多平方千米范围的右江沿岸，专家学者们共发现旧石器地点 70 多处，采集石器标本 4000 余件。限于当时的认知水平，这些手斧未被人们重视而被长期打入"冷宫"，藏于博物馆的库房内。

1986 年春，中国科学院古脊椎动物与古人类研究所黄慰文、中山大学人类学系张镇洪和广西文物工作队谢光茂等组成联合考察队，准备到百色盆地进行考察。考察队在南宁集中后，先到广西壮族自治区博物馆库房观察从百色盆地采集回来的石器标本。黄慰文惊喜地发现，这些落

百色手斧线描图

正面

背面

百色手斧

满尘埃的石器中有很多是跟西方阿舍利手斧相同的手斧标本。这一发现使考察队队员们兴奋不已。于是他们前往百色，开始对百色盆地的旧石器地点进行科学考察。

中国科学院古脊椎动物与古人类研究所黄慰文教授（右）和2003年度国家最高科学技术奖得主、著名地质学家、中国科学院院士刘东生（左）在考察百色旧石器遗址。刘东生院士认为百色遗址非常重要，在第四纪环境变迁和人类进化研究方面的潜力巨大，其重要性不亚于北京周口店

百色旧石器是广西百色盆地发现的旧石器遗存的统称，最早发现于20世纪70年代，其年代早到距今约80万年。迄今为止，考古工作者在百色盆地发现的旧石器遗址或地点共100多处，获得的石制品数以万计。百色旧石器以砂岩、石英岩、硅质岩等砾石为原料，采用锤击法和碰砧法打制而成，石器大多数为单面加工，两面打制的较少，制作比较简单、粗糙，多数石器的加工部位只限于器身的一端或一侧，把手部位往往不加修理，保留砾石面；石器多比较粗大，以大型工具为主，器型有砍砸器、手镐、刮削器、手斧和薄刃斧等，其中砍砸器的数量最多，而手斧是百色旧石器中最典型的器物。

砍砸器是旧石器时代最常见的一种大型生产工具，并延续到新石器时代。通常用砾石或石块加工而成，制作比较简单、粗糙。具有砍、砸功能，可用来砍伐树木、砍砸兽骨等。在百色旧石器中，砍砸器基本上是用砾石制作的，大多数为单面加工。图为百色盆地发现的砍砸器

手镐，也叫"大尖状器"。属于大型生产工具，常见于旧石器时代早期、中期。形状及大小和手斧相似，但通常是单面加工的。具有挖掘和砍砸方面的功能，可用来挖掘植物、屠宰动物等。图为百色盆地发现的手镐

百色盆地发现的手镐

刮削器是旧石器时代常见的一种生产工具，一直延续到新石器时代。这种工具制作较精致，器形较轻小，具有刮、削的功能，用途比较广泛，如用来加工兽皮、制作木器等。图为百色盆地发现的刮削器

　　20世纪初，西方史前考古学者追随着人类从非洲出发的脚步，来到了法国北部的一个村庄圣阿舍利，他们挖掘出土了一种独特的"阿舍利手斧"。随后在欧洲其他地方和非洲、中东、印度半岛等地区都发现了这种手斧。由于阿舍利手斧出现年代较早，制作精良，器形规整，被考古学者认为是代表古人类智能分水岭的一种工具。

那么手斧是什么呢？手斧是人类历史上最早出现的反映人类对称意识的工具，也是旧石器时代早期、中期技术含量最高的一种生产工具；用砾石、大石片或燧石结核加工而成，两面打制；有一个尖而薄的刃端和一个宽而厚的把端，器身平面形状通常呈梨形或三角形；具有砍劈、切割和挖掘等方面的功能，可用来挖掘植物、屠宰动物等。手斧是西方阿舍利文化的典型器物。早期的手斧制作比较粗糙，但到了旧石器时代中期，手斧的制作越来越精致，特别是用燧石等优质石料制作的手斧，不仅加工精致，而且形态对称美观，简直就是一件艺术品！

为什么说手斧很重要呢？因为它采用双面打制的技术，表明当时的古人类已经具有了一定的审美观念和空间思维，当他拿到这块原料时，会在脑海里产生设计图，而且他有动手能力，可以把这块原料打制成想要的形状。

由于百色出土的手斧与西方阿舍利手斧极其相似，显示了百色旧石器的重要性，考察队决定把百色盆地旧石器研究作为重要的科研课题。此后，考察队几乎每年都到百色盆地进行工作。参加考察的科研单位也逐年增加，先后有广西自然博物馆、美国史密森研究院、中国科学院地质与地球物理研究所等 10 多个科研机构的专家学者参与，涉及的学科包括地质学、地貌学、年代学、古生物学、旧石器考古学和古人类学等。其中，美国史密森研究院国家自然博物馆的理查德·波茨博士是著名的人类学家，他是百色旧石器研究课题组的美方代表。

然而，百色旧石器的年代问题却成了困扰考古学家的一个难题。

理查德·波茨（左）在百色上宋遗址考古发掘现场和广西文物考古研究所谢光茂研究员交流探讨

首先，百色手斧最初是在地表采到的，它原来被埋在哪个地层？或者说它的"老家"在哪里？另外，百色手斧的绝对年代是多少，它到底有多少岁了？要解决第一个问题，考古学家必须在地表发现手斧的地点进行发掘，以找到手斧的原生层位。1988年冬，考察队对田东县境内的高岭坡遗址进行小规模发掘，在网纹红土地层中出土了一批石器，从而确定了包括手斧在内的旧石器原生层位。

手斧的地层层位确定后，考古学家面临一个更伤脑筋的问题——手斧绝对年代的测定。由于埋藏手斧的网纹红土属于一种酸性土壤，不利于保存动物遗骸，因此无法采用传统的古生物地层学方法来确定它的年代。

直到 1993 年，约 80 万年前的"密钥"出现，这个问题才得以解决。翌年春，考察队在百色市附近的百谷遗址进行较大规模的发掘，首次在原生网纹红土中发现了与石器共存的玻璃陨石，为解决包括手斧在内的百色盆地旧石器的年代问题取得了突破性进展。2000 年，美国加利福尼亚大学伯克利地质年代学研究中心，将出土的玻璃陨石用氩同位素辐射剂量衰变法（氩 – 氩法），测出这些玻璃陨石的年代为距今约 80 万年，由此证明，以手斧为代表的百色旧石器的年代就是距今约 80 万年。2005 年，考察队又在百色枫树岛遗址的网纹红土地层出土了更多的手斧，并且这些手斧和玻璃陨石处于同一层位。

为什么通过玻璃陨石能测出百色手斧的年代呢？

玻璃陨石，俗称雷公墨，是巨大陨石撞击地球后，因地表岩石熔融、飞溅后骤冷落地而成的一种玻璃质感的黑色物质。其重量一般为几克至几十克，大小直径为几厘米，形状有球状、厚核桃壳状、水滴状、哑铃状、纽扣状及不规则状，表面有凹坑和线纹。由于大部分玻璃陨石已经被碰撞而破碎，只有少量保持原始的浑圆状。据地质学家推测，大约 80 万年前巨大的陨石撞击亚洲的东南部，碰撞形成的玻璃陨石散落到百色盆地，散落到古人类当时正在河滩利用河卵石制作手斧等石器的右江河谷。落下的玻璃陨石和手斧等石器一起被后来发大水所沉积的淤泥覆盖，永久地埋在地层中，因此它们是共生共存的。如今，考古学家把它们发掘出土，并通过玻璃陨石来测定年代，便得出了手斧等石器的具体年代。

　　百色盆地发现手斧，而且这些手斧和玻璃陨石共生共存，年代为距今约 80 万年。这一发现震惊了国际考古学界。之前在东亚从未发现过制作如此精美的手斧，而且和西方阿舍利手斧完全一样，其年代比欧洲手斧还早了 30 万年，这使得人们重新认识了人类进化的历史。加利福尼亚大学的古人类学家克拉克·豪威尔说，年代的确定解决了几十年来困扰国际考古学界的重大难题。这促使考古研究不得不对亚洲人类起源及其文化进行重新评估。这些 80 多万年前的手斧，其精巧程度足以和非洲的阿舍利手斧媲美，甚至远胜过欧洲同时期的石器。

百谷遗址考古发掘时在出土石器的原生地层中发现玻璃陨石，通过玻璃陨石的测年，可得出百色旧石器的年代为距今约 80 万年。图为玻璃陨石和石器一起出土的情景

砍断"莫氏线"的利器

　　东西方文化的差异，导致两种文化存在某种冲突。这种冲突，在考古史上同样存在。所谓"莫维士线"，就是一个典型的例子。

　　20世纪初，西方史前考古学家在法国北部一个名为圣阿舍利的村庄发现了距今约50万年的旧石器时代遗址，典型遗物为手斧，还有手镐、薄刃斧等。由于手斧两面打制、制作技术先进、器形规整、工艺精湛，欧洲人引以为豪。后来在欧洲其他地方和非洲、中东、印度半岛等地区也发现了手斧，亦引起这些地区的人们为自己祖先的聪明灵巧而自豪不已。考古学界就把旧石器时代早期这种以手斧为主要特征的石器文化统称为阿舍利文化。而这种文化在东亚却迟迟未发现。

　　1937年，美国地质学家德特拉率领考察队不远万里到东南亚进行考察。世界旧石器时代考古权威、美国哈佛大学教授莫维士亦参加了考察。考察队在缅甸北部发现了一批仅为单面打制的石器。1943年起，莫维士连篇累牍地发表文章，根据所谓东方、西方旧石器的特点，认为东亚的石器制作技术和工艺简单粗糙，与阿舍利手斧相比相去甚远。于是，莫维士将旧大陆（即欧洲、亚洲、非洲三大洲）早期旧石器文化一分为二：左边是

先进的 "手斧文化区"，包括非洲、欧洲以及中东和印度半岛；右边是落后的"砍砸器文化区"，包括东亚、东南亚和印巴次大陆北部。莫维士认为，"砍砸器文化区"在文化发展上是停滞不前的，代表一种落后的文化；而西方的"手斧文化区"发展是欣欣向荣的，代表一种先进的文化。他由此引申出后代人类种族智慧的优劣，认为西方人从祖先开始就聪明，而东亚的直立人则"光进化躯干，不进化脑子"，而且"不思进取""死水一潭"，把东亚贬低为"文化滞后的边远地区"。莫维士这一理论提出后，在东亚和东南亚地区的古人类学和旧石器考古中产生深远的影响，在长达半个世纪的时间里，这一地区的旧石器考古一直遵循着这一理论。西方学者更是把它奉为圭臬，他们把这两个文化圈的分界线称为"莫维士线"，简称"莫氏线"。

由于莫维士所说的"砍砸器文化区"大体上是今天黄种人的分布区，因此莫维士理论难免带有种族歧视的色彩。尽管多数亚洲学者反对这一理论，但是在很长一段时间里，由于东亚、东南亚地区一直未发现能与西方作对比的真正手斧，因此亚洲学者反驳莫维士理论也就缺乏过硬的证据。

而今，百色手斧的出现，终于将这条被视为金科玉律的"莫氏线"砍断了。

截至1986年，在百色盆地发现的4000多件石器中，有10%是手斧，其中一些完全符合阿舍利手斧的工艺标准。然而，要想质疑莫维士理论，就要弄清楚百色手斧究竟属于什么年代。由于埋藏手斧等石器的地层是一

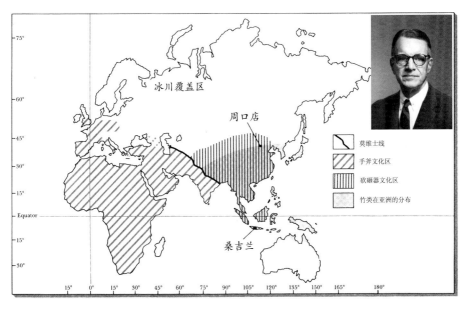

美国考古学家莫维士（右上角）将旧大陆早期旧石器文化一分为二，并断言东亚和东南亚地区没有手斧。图为莫维士理论中所划分的"手斧文化区"和"砍砸器文化区"以及这两个文化区之间的"莫维士线"

种叫网纹红土的酸性土壤，没有保存人类及古生物化石，无法利用古人类学和古生物学的研究方法进行断代，也就无法确定百色手斧的年代。

就在专家们一筹莫展的时候，一枚远古时期的"天外来客"进入了人们的视野。专家们发现，被当地人当作宝石的雷公墨，在遗址中时常伴随石器出土。雷公墨其实就是一种由地球外物体（彗星或陨石）撞击地球后，地球表面物质产生高温熔融并溅向天空，经快速冷凝而形成的玻璃质感的黑色物质，它们体内保存放射性元素，留下了可以探寻的蛛丝马迹。

田阳那赖遗址出土的玻璃陨石。正是这些形状各异、
乌黑发亮的玻璃陨石，解决了百色旧石器的年代问题

百色盆地的这批玻璃陨石，属于澳亚陨石散布区。澳亚散布区的陨石分布范围很广，包括澳大利亚、印度尼西亚、菲律宾、中南半岛以及我国的雷州半岛和海南岛。地球上曾经出现过几次陨石雨，最晚的一次主要散落在澳亚陨石散布区。

1993 年，在严格挑选之后，考察队锁定了百谷遗址进行科学的考古发掘，数个探方中都发现了石器和原生玻璃陨石，且处于同一土层。这些玻璃陨石立即被送往位于北京的中国科学院原子能科学研究院。在那里，物理学专家利用"裂变径迹法"测定后得出结论，这些陨石的年代为距今约 73.3 万年。

随后，为了回应当时发现的所有手斧均是在地表发现，可能被"人为移动过"的质疑，中国科学院又邀请了众多国外学者到百色进行实地考古，其中包括地质年代学专家、美国国立自然历史博物馆的阿伦·丹尼，他在百色进行了半个多月的考古。阿伦·丹尼将采集到的玻璃陨石样本和土样带回伯克利地质年代学研究中心，以更为先进的"氩－氩法"进行同位素检测，将玻璃陨石和手斧的年代前推到距今约 80.3 万年。

百色盆地不仅发现众多的手斧，而且年代早到距今 80 多万年。这一发现从根本上动摇了莫维士理论。1998 年 3 月 13 日，在美国出版的世界著名学术刊物 *Science* 特辟专页，以"中国灵巧的直立人"为题报道了百色旧石器的研究成果。2000 年 3 月，中美科学家对百色旧石器的研究报告在美国 *Science* 杂志上发表。该期杂志以百色手斧彩色照片为封面，公布了美国加利福尼亚大学伯克利地质年代学研究中心为百色旧石

3 March 2000

Science

Vol.287   No.5458
Pages 1545−1700 $8

AMERICAN ASSOCIATION FOR THE ADVANCEMENT OF SCIENCE

2000年3月，中美科学家对百色旧石器的研究报告，在世界顶级学术刊物美国
Science 杂志发表。该期杂志以百色手斧彩色照片为封面

器测出最新同位素年代为距今约 80 万年，在国际学界引起了强烈反响。同年 4 月，新华社用多种文字向全世界报道了这一研究成果。一时间，美国《华盛顿邮报》《洛杉矶时报》、日本《读卖新闻》、新加坡中文报纸、BBC（英国广播公司）等世界多家媒体竞相报道、评论。国内外著名学者也据此发表看法。人类起源计划署首席科学家、美国史密森研究院国家自然博物馆人类学部主任理查德·波茨说："百色盆地的旧石器是迄今为止东亚所发现的数量最多的包含阿舍利因素的石器文化。不仅在工具的形式上，而且在它们遍布整个盆地的踪迹所反映出来的活动方式上，也和非洲阿舍利文化十分雷同。"中国科学院考古学家黄慰文说："这个发现意味着在'莫维士线'两边的技术、文化和古人类认知能力是相似的，它有助于人们摆脱'莫维士线'的束缚。"同年，美国 Science 杂志主编被江泽民总书记接见时，送给江泽民总书记的就是以百色手斧彩色照片为封面的那期杂志。2001 年 1 月，科技部组织由著名院士组成的评选小组，将"人类起源再添新证，百色旧石器挑战'莫氏线'理论"与纳米技术、人类基因组等重大发现一起，评选为"2000 年中国基础科学研究十大新闻"。

2005 年，在百色澄碧湖水库的枫树岛上，考古人员在距地表 50 厘米的原生网纹红土中，首次发现了手斧与玻璃陨石共存一处、5 件手斧均为两面加工的阿舍利手斧。之后，在田阳那赖遗址、百色南半山遗址也都发现了共存的手斧与玻璃陨石。这进一步证明，早在距

百色旧石器的发现引起世人的关注。2005年，百色盆地旧石器研究暨旧大陆早期人类迁徙与演化国际学术研讨会在百色市举行，来自美国、英国、法国、德国、西班牙、印度、以色列、南非等国家及中国的著名专家学者出席了会议。图为研讨会会场

2005年，中外专家考察百色枫树岛遗址并观察出土的手斧

今约80万年的时候,亚洲古人类就在百色盆地繁衍生息,他们当时已经具备高超的智慧,并制作出了品质精良的手斧工具。

应该说,国内外学术界普遍都认可百色手斧是真正的手斧,代表东亚年代最早的手斧文化。

在事实与科学面前,谬误与偏见终会被击溃,穿越80多万年的漫长岁月,红土地上的古人类文明,借由百色手斧悠远而无声的证明,拂去尘埃,重新为世人所知。

人类探源

　　在早期现代人起源上存在两种相对立的学说，即"替代说"和"多地区进化说"。前者认为世界各地的现代人都是非洲早期智人的后裔。后者认为现代中国人是由北京猿人等生活在这片土地上的早期人类演变而来的。

　　这两种学说一直处于争论中，寻找已经具有现代人基本解剖特征的早期现代人化石是论证解决这一问题的关键。

　　木榄山智人洞出土的人类下颌骨化石已经具有处于形成过程中的解剖学上现代智人的形态特征，是一件很难得、很重要的古人类标本，表明木榄山智人是东亚最古老的早期现代人。柳江人是迄今在我国乃至整个东亚发现的最早、最完整的晚期智人阶段的代表，可能是日本人和东南亚人的祖先。而隆林人可能代表世界范围内从未出现过的至少一种新的古老型人群。在娅怀洞遗址发现的疑似稻属植硅体比世界上发现的最早的稻类遗存早了2万年左右，这似乎可以认定娅怀洞人是世界上最先吃上"米饭"的人。

人类起源的不同假说

　　说到人类起源，这里涉及两个不同的概念，一个是早期人类的起源，或者说最早的人类出现，年代距今数百万年；另一个是早期现代人的起源，也就是我们的直接祖先的起源，年代晚于距今约 30 万年。

　　关于早期人类起源的中心，学界主要有两种假说，即"亚洲说"和"非洲说"。

　　人类起源"亚洲说"最早由德国博物学家海克尔于 19 世纪后期提出。他认为亚洲现代类人猿与非洲现代类人猿相比，前者与人类关系更加密切，并据此提出人类起源中心在东南亚的论断。尽管他所说的关于亚洲现代类人猿比非洲现代类人猿更接近于人类的观点后来被证明是错误的，但他的人类起源亚洲说在 20 世纪上半叶却被人们广泛接受。其实，亚洲作为人类起源的中心，其中心区域不仅包括东南亚，而且包括中国南方和南亚。苏联考古学家波利斯科夫斯基认为，南亚的印巴地区位于人类起源中心的范围内，理由是：这一地区发现数量众多的第三纪后期的古猿化石，特别是在西瓦利克山发现了腊玛古猿和巨猿化石；在西瓦利克山和印度半岛发现大量第三纪后期及第四纪早期的大型哺乳动物化石；在这一地区发现大量属于旧石器时代早期的石器；在第三纪末和第四纪初，这一地区存在多种多样的地形，而地形的多样性是促使灵长类祖先进化到人类的一个因素。我国古人类学家贾兰坡院士认为，人类起源时间可能追溯到 400 万年前，而起源地点更可能在包括中国西南广大地区在内的亚洲南部。

人类起源"非洲说"是达尔文于 19 世纪下半叶提出的一个假说。非洲大陆，特别是东非，由于发现许多属于早期直立人的化石及旧石器时代初期的旧石器而被认为是早期人类的摇篮。按照这个假说，早期人类走出非洲，向东迁徙，可能从两条路线迁移到中国：一条是从青藏高原北侧进入中国，另一条是从青藏高原南侧进入中国，而西江流域很可能是中国最早人类的落脚点。从现有的古人类学和考古学资料来看，从青藏高原南侧这条路线进入中国的可能性更大。因为在南亚和东南亚地区及云贵高原均发现第三纪后期和第四纪初的古猿化石及第四纪早期的石器。美国人类学家谢盼慈认为，广西及周围地区是早期人类进入东亚的门道。

关于早期现代人的起源问题，学界也有两种假说：

一是"替代说"。1987 年，一些西方学者提出一个新的假说，认为世界上所有现代人都是来自非洲同一祖先，即早期现代人，他们诞生于大约 20 万年前；由于大约 10 万年前非洲的早期现代人走出非洲，向欧亚大陆扩散并取代当地古老人类，因此欧亚大陆原来的古老人类都灭绝了，我们现代人都是从非洲走出来的这支人类的后代。

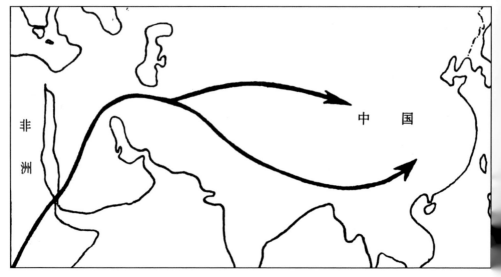

早期人类进入东亚的南北两条路线示意图

二是"多地区进化说"（连续进化附带杂交说）。1984 年，中国古人类学家吴新智院士及两位西方学者提出该假说。这个假说认为分布在欧亚大陆的直立人各自演化，最后都进化到现代人，在进化过程中，不同地区的人群有过杂交。具体到中国和东亚其他地区，这里的人类演化是连续的，没有发生过中断，而以北京猿人为代表的直立人后来演化成我们现代的人类，其间与其他地区的人种有杂交，产生基因交流。

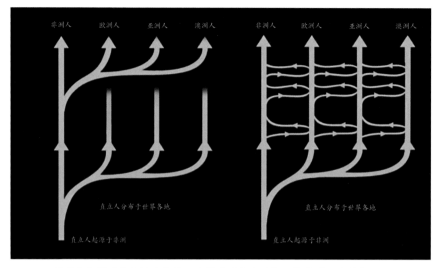

现代人起源两种假说示意图：左图为"替代说"，即非洲以外的直立人没有直接演化到现代人，而是被走出非洲的现代人取代；右图为"多地区进化说"，直立人走出非洲，扩散到世界各地，然后各地的直立人演化到现代人，在演化过程中他们之间发生过基因交流

吴新智（1928—2021），著名古人类学家，中国科学院院士，现代人类起源"多地区进化说"的主要代表。图为吴新智院士在观察广西白莲洞遗址发现的人牙化石

木榄山智人：东亚最早的现代人

在广西崇左市江州区罗白乡的南边，有个自然屯叫作木榄屯，在木榄屯的东边有一座山，山上有一个洞，当地人都叫它"大洞"。2003 年，罗白乡村民韦发贤去"大洞"捡钟乳石，打算拿回家做盆景。在洞中，他无意中发现了一块很特别的"石头"，便拿去给北京大学教授潘文石看。潘文石教授是我国著名生物学家，当时正在设在罗白乡的北京大学崇左生物多样性研究基地工作，研究我国珍稀动物白头叶猴。

这一年是潘文石和他的团队在崇左扎根的第七年。潘文石拿着送来的"石头"，判断这很可能是一块野猪牙齿化石。

这一意外发现让潘文石非常兴奋。50 多年前，木榄屯附近的大新县曾经发现巨猿化石和与之共生的大熊猫、剑齿象等哺乳动物化石。他猜想，此处离大新县并不远，是否也有可能存在许多化石？于是，他把这个发现告知古生物学家、中国科学院古脊椎动物与古人类研究所研究员金昌柱。金昌柱便带着他的研究团队来到崇左，开始对"大洞"进行考古挖掘，出土大量哺乳动物化石。他们还对"大洞"周边的山洞展开调查，结果发现在木榄山的一个山洞里保存有很多的动物化石。

北京大学潘文石教授（中）、中国科学院古脊椎动物与古人类研究所金昌柱研究员（右）和广西文物保护与考古研究所谢光茂研究员（左）2009年在北京大学崇左生物多样性研究基地合影

　　该洞洞口朝南，为单体式厅堂洞穴。金昌柱带领团队进入洞里，当时工作条件非常辛苦，工作队员往洞里拉了一条电线用电灯照明，发掘的设施也非常简单，完全靠铁锹挖掘，用箩筐抬土。金昌柱干脆在空地上支个帐篷，一床垫子，一台电脑，全天候猫在洞里。后来，他们在洞中发现了50多种古生物化石，收获颇丰。2007年11月，他们采集到了2枚人类牙齿化石和若干哺乳动物化石。2008年5月18日，在山洞距洞口约20米的一个拐角处，他们发现了一块人类下颌骨化石。这块人类下颌骨化石虽然有点残破，但是依然保留有粗壮的下颌骨联合部，是研究古人类形态特征十分难得的珍贵标本。

　　这一发现石破天惊，这个普通的山洞从此被称为"木榄山智人洞"。

　　经古人类学家吴新智的初步观察，发现该人类下颌骨化石已经具有处于形成过程中的解剖学上现代智人的

形态特征，是一件很难得、很重要的古人类标本。该下
颌骨较为纤细，颏隆突略为发育，表现程度较现代人类
颏隆突弱。此外，门齿齿槽与颏隆突之间的下颌体外表
面略显凹陷，但凹陷程度较现代人类弱。明显发育的颏
隆突和下颌体外表面凹陷是现代人类的典型特征，而直
立人和古老型化石智人一般没有这两项特征。这两项特
征在木榄山智人洞发现的古人类下颌骨表现较弱，说明
现代人的解剖结构在木榄山智人的下颌骨已出现，但尚
处于初始发育状态。

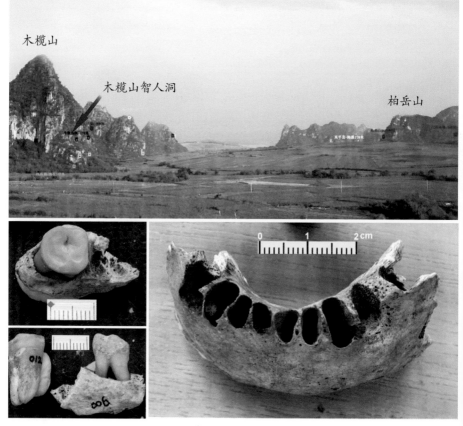

木榄山智人洞远景（上图）和木榄山人牙齿化石与下颌骨化石（下图）

在现代人起源上，存在两种相对立的假说。其中一种是"替代说"。一些西方学者根据化石特征、年代测定及遗传学研究等，提出世界各地的现代人都是非洲早期智人的后裔。而东亚的现代人类的直接祖先大约 6 万年前，从非洲第二次迁徙而来，他们走出非洲后直接取代了其他地区的古人类。

按照这一假说，中国的北京猿人（属直立人）等早期人类没有最后进化到现代人，中国的晚期智人如北京山顶洞人和广西柳江人等，以及现代中国人，都是非洲智人的后代。

而在中国，以学者吴新智为代表的古人类学家则认为，现代中国人是由北京猿人等生活在这片土地上的早期人类演变而来的，但同时也混杂了少量的外来基因，这就是"多地区进化说"。

这两种相互对立的假说一直处于争论中。寻找已经具有现代人基本解剖特征的早期现代人化石是论证解决这一问题的关键。

国际古人类学界普遍认为，2002 年发现于北京周口店田园洞距今 4 万年的人类化石，是东亚地区最古老的早期智人，而对东亚地区是否存在 10 万—5 万年前的早期现代人一直存在争论。

那么具有早期形态的木榄山智人，又是生活在什么年代呢？ 2009 年，美国明尼苏达大学地质与地球物理系同位素实验室对木榄山智人洞遗址出土人类化石的地层进行铀钍的化学分离和质谱测定。结果显示，木榄山智人下颌骨的年代为距今 11.1 万年，比此前已知生活于东亚的最早智人——北京田园洞人早了 6 万多年。

2009 年，吴新智院士在给当时的广西壮族自治区领导的一封信中说，木榄山智人化石的发现，是一个振奋人心的发现，它是现代人演化历史上一个重要环节的见证者，在人类演化历史研究上将占有很重要的地位，它为证明现代人是从非洲而来还是有多个起源提供了更加有说服力的证据，是将载入史册的重要发现。

木榄山智人洞发现的古人类化石是中国近十年来的重大考古发现之一，在古人类学研究中具有非常重要的意义。下颌骨的年代与形态特征表明木榄山智人洞人类化石是东亚最古老的早期现代人，这将早期现代人在东亚地区出现的时间提早了至少 6 万年。它的发现与研究使得学界对早期现代人在东亚的出现与演化有了新的认识。正因如此，这一发现被评为"2010 年度中国科学十大进展"之一。

左图为发现者古生物学家金昌柱教授（左）、著名古人类学家吴新智院士（中）和古人类学家刘武教授（右）在"2010 年度中国科学十大进展"颁奖会上合影。右图为奖状

柳江人：现代人的祖先

1958 年 10 月初的一天，一件神秘的物品被包裹在严实的木箱里，从遥远的广西柳州运到了北京，送到了中国科学院著名古人类学家吴汝康院士的办公室。

当这件神秘的物品从木箱里取出，呈放在案头的时候，吴汝康和他的助手们都惊呆了：这是一块人头骨化石！作为古人类学家，吴汝康发现，这块"神秘头骨"的前额膨大隆起，嘴部后缩，头骨枕部没有粗壮的肌脊，这些特征跟现代人已经很接近了。经过系统研究，吴汝康认为，这是分化和形成过程中的蒙古人种的一种早期类型，为当时在中国乃至整个东亚发现的最早、最完整的晚期智人化石——可以说，这就是现代人的祖先。

这名"祖先"的出现，说来极具偶然性。

1958 年 9 月下旬，在距广西柳州市东南 16 千米的柳江县新兴农场，工人们正在附近寻找肥泥，有人提出挖掘当地人称为通天岩的山洞中的堆积土作肥料。于是，工人们高举火把，进入通天岩的一个支洞里，开始挖掘洞内厚厚的堆积土。挖出来的堆积土被挑出来堆在洞口，准备运到地里。工人们一连挖了好几天，往下足足挖了 3 米深。9 月 24 日这一天，他们在距洞口 18 米处偶然挖到了一个奇怪的东西。那东西乍一看是个圆形的石头，

柳江人遗址外景

有人将它从泥土里整个翻了出来。在火把的照耀下，那圆形的壳上，三个凹陷的深坑不就是眼窝和鼻部吗？几颗白色的牙齿还在牙床上龇着……"这不就是人的头骨吗？"胆小的工人后退了几步，胆大的工人则上前细看，还用手指敲了敲，那东西发出"笃笃笃"的声音。"怕什么，都变成石头了，应该是化石！"有人这样说。于是，工人们将此事报告给了场长李殿。李殿看后，认为这很可能是远古时期的人类化石，于是将其妥善保护，并立即通知中国科学院古脊椎动物与古人类研究所。研究所当即委派当时正在广西柳城巨猿洞进行发掘工作的林一璞等人前往现场调查。林一璞是广西人，是吴汝康院士的得意门生，对广西的情况比较了解。他很快就找到李殿。当李殿将这个被包得里三层外三层的化石展现在林一璞的面前时，林一璞简直不敢相信自己的眼睛，这正是他们苦苦寻找的古人类头骨化石！

发现柳江人化石的李殿在通天岩和洞口留影

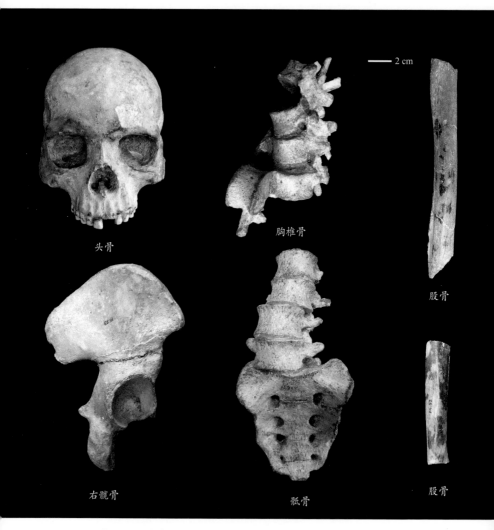

2 cm

头骨

胸椎骨

股骨

右髋骨

骶骨

股骨

柳江通天岩发现的柳江人化石。如今，这些国宝级的化石标本
静静地躺在中国科学院古脊椎动物与古人类研究所的保险柜里

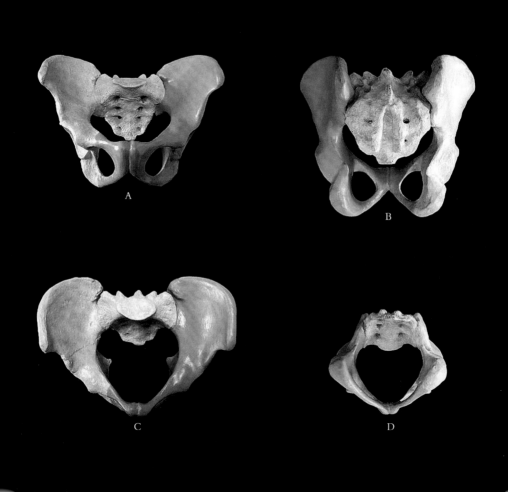

修复后的柳江人盆骨多面观

　　林一璞立即将这一喜讯报告中国科学院古脊椎动物与古人类研究所，并随即将这个人头骨化石送到北京进行研究。就这样，这块神秘的头骨化石被送到了吴汝康院士面前。

　　为了更深入地进行调查研究，1959 年，中国科学院古脊椎动物与古人类研究所派出李有恒等人再次来到通天岩进行深入调查挖掘，又在洞中发现了人的 4 个胸椎、5 个腰椎，骶骨、右髋骨和左、右股骨各一段，以及大量的哺乳动物化石。

　　吴汝康对在通天岩发现的人类化石进行了研究。他发现，先后在该山洞发现的上述人类化石同属于一个男性个体，年龄在 40 岁左右，其头骨属于中头形；颧骨较大而前突；鼻骨低而宽，鼻梁稍凹，鼻根点并不低陷，鼻梨状孔下缘不成锐缘而低凹；鼻前窝浅、棘小，犬齿窝不明显；齿槽突颌程度中等，上门齿舌面呈铲状——这些都是黄种人的特征，而且是人种分化中较原始的黄种人，属于蒙古人种的系统。于是吴汝康将这块人头骨化石命名为"柳江人"。

　　柳江人的股骨骨壁较现代人要厚，髓腔较现代人要小，而近于尼安德特人。这些特征表明柳江人具有一定的原始性质。但柳江人也有许多近于现代人的特征，如脑容量约为 1400 毫升，前额膨大隆起，嘴部后缩，头骨枕部没有粗壮的肌脊，等等，说明其体质形态已经和现代人基本相似了。对柳江人大腿骨化石的复原和计算的结果表明，其身高为 157 厘米左右。

　　发现柳江人的山洞所在山头海拔 230 米，高出附近地面 70 ～ 80 米，洞离山脚 5 米多。洞口高约 2 米，宽

专家们根据柳江人头骨化石测量得出的数据，复原出柳江人的头像。虽然这个头像在今天看来跟我们现代的审美有些距离，但在几万年前，他可是我们人类进化的一个里程碑。图为柳江人复原雕像

约2.6米，洞道可上通山顶通天岩大溶洞。这个洞穴洞口朝北，低矮狭小、阴暗潮湿，并不是古人类理想的栖居之所。

经考证，除了柳江人的遗骸，这个洞穴再没有发现其他的人类化石和文化遗迹。看来，这名男子是一个孤独的人。他可能在狩猎中追逐一只被打伤的野猪，与同伴走散，而迷失在苍茫的森林里，幸运地寻到这窄小的山洞得以栖身。这片丛林，河溪纵横，荒草丛生，树林茂密。树林里多野果，溪河里尽是游鱼，而山野中多的是飞禽走兽……这名身高不到160厘米的矮个子"孤勇

者"，用营养不良的瘦弱之躯，采李摘桃，追鸟捉鱼，与飞禽走兽们搏击。他搏击的对象，其至有那些体量远大于自己的剑齿象、犀牛、野牛、黑熊等巨物。他用自己的聪明才智，与强大的巨物斗智斗勇。一旦一只巨物被他征服，他就能度过食物非常富足的一段幸福时光，然后又元气满满，继续找寻要征服的对象……直至最后，或许不慎被一头大犀牛挑伤，或是被一只大猩猩一掌掴晕……好不容易爬到这个山洞养伤，却因无人照顾，饥寒交迫，加之伤口感染，导致死亡。天长日久，岁月便将他身体的一些部分化成了石头，留下了对后人来说弥足珍贵的人类化石。除此之外，柳江人遗址还先后发现大熊猫、剑齿象、箭猪、野猪、犀牛、巨貘、黑熊、猩猩、猴子、野牛、鹿等 16 种动物骨骼或牙齿化石。显然，这名柳江人男子，通过自己的双手，在与大自然的竞争中，在与野兽们的战斗中，一度取得过辉煌的成就。而这些动物骨骼化石也表明，当时柳江人生活的这一带有茂密的森林、众多的湖泊和水量丰沛的河流，气候温暖湿润，生长着繁多的动植物，是原始人类生活的乐园。

柳江人可能是日本人和东南亚人的祖先。我国著名古人类学家、中国科学院古脊椎动物与古人类研究所的吴新智院士对柳江人化石和周边地区发现的晚期智人化石作了比较研究。他在英国牛津大学出版社出版的《中国人类演化》一书中，以歧异系数对比了柳江人头骨化石与一系列头骨化石之间的亲疏程度。结果显示，柳江古人类与日本港川古人类和加里曼丹尼阿洞（属于马来西亚）古人类之间的差异最小，相当于同一个群体之内的差异，表明他们之间存在密切的关系。日本的专家也

古人类学家吴新智院士在观察柳江人化石标本

认为，日本人的祖先可能是柳江人的一个支系。1984 年，《科学之春》杂志第一期刊载日本东京大学人类学教授植原和郎的《日本人起源于中国柳江？》一文。文中写道："到目前为止，在日本所发现的人骨化石形态都是矮个子，类似中国柳江人，特别是港川人简直跟柳江人像极了。许多日本人类学家认为日本人的起源要到中国南方去找。"

柳江人化石是中国迄今发现的最早的晚期智人化石。它的发现不仅为研究中国晚期智人的体质特征以及早期智人和晚期智人的体质变化关系提供了极为珍贵的实物资料，而且在研究东亚地区乃至太平洋地区晚期智人的迁徙和扩散方面具有非常重要的意义。

隆林人：现代人与古老人类杂交的后代

1979年6月，滇黔桂石油勘探局地质研究所工程师李长青到广西百色地区隆林各族自治县进行地质调查时，在德峨乡老么槽洞发现了一团里面包着头骨化石的泥土和岩石的绞结物。

隆林地处桂西北山区，海拔较高，一向以"广西屋脊"见称。德峨地区寒武系白云岩分布较广，岩溶发育。老么槽洞是沿白云岩层面形成的，洞口海拔为1575米，开口向西南方向。洞口高出当地地面约20米，高约20米，宽15～20米，深约50米，并有一出口。洞腔宽阔，顶底较平坦。洞内堆积物已被挖洞肥破坏，只有少许残存，这团绞结物就是在残存的堆积物里发现的。

滇黔桂石油勘探局的总部在昆明，李长青就把化石带回了昆明，交给云南省博物馆。经专家初步估计，这块化石的年代为距今1万年左右。后来在云南元谋发现古猿头骨化石，古人类研究人员的目光都集中在了元谋人的发掘研究上，这块化石就此被打入"冷宫"，长期静静地躺在标本架上。

发现隆林人化石的老么槽洞

1996 年，云南省文物考古研究所的研究人员吉学平在单位地下室的标本架上看到了这块化石。这块化石直径 20 厘米左右，虽然泥土和岩石黏结在一起，但是化石的眉弓部分露出来，很明显是人类化石。吉学平虽然很好奇，但是当时他一直忙着元谋人的挖掘和研究，无暇顾及，不过他还是将它记在了心里。

2006 年，在元谋人研究项目接近尾声时，正巧澳大利亚新南威尔士大学的古人类学家戴伦·克诺尔经在南非做访问学者的云南人潘汝亮教授介绍来云南寻求合作机会。当时吉学平已意识到，在国际上晚期人类的起源是更热门的话题，于是就提议他们一起开启晚期智人的研究。

随后吉学平与戴伦共同花了一段时间研究云南马鹿洞人后，决定将这块化石拿出来一起研究。经仔细观察和研究后发现，这是一块人头骨化石，便将其称为"隆林人"。隆林人头骨碎片很多，里面还有其他骨头，包括肋骨与脊椎骨等。吉学平当时请了修复金牛山化石的技工惠忠元到云南来修复隆林人头骨化石。惠忠元花了一个多月的时间，才把碎片慢慢修出来。吉学平后来又请了中国科学院古脊椎动物与古人类研究所的张建军过来把碎片修成头盖骨。

除了头骨，隆林人还有一个下颚骨，原先很早就被修复出来了，一直放在保险柜里。头骨和下颚骨的出土地点是同一地点，从磨耗程度初步判断它们属于同一个体。从隆林人的面部形态特征来看，他的眉脊很发达，面颊很平，特征非常古老，应该属于距今至少 1 万年的人类，但是出土地点又非常年轻，在这一点上与马鹿洞人非常像。因此，吉学平和戴伦就把它们放在一起研究，希望能解释为什么时代这么年轻的化石会有这么古老的特征。

　　隆林人骨壁较厚，眶上部具有发育明显的眉间区，眼眶低矮，眶后缩窄指数明显，显示出晚更新世人类的特点；面部宽阔，额骨宽，眶间及颧骨宽都明显大于现代人，面骨具有显著的齿槽突颌；下颌窝非常深，这一特征又与晚更新世人类不同。隆林人的头骨形态非常特别，呈现出一组无论是在晚更新世人类还是在现代人类中都不具有的混合型形态特征，因此认为该地区的现代人与当地残存的古老智人之间有杂交关系。隆林人这种具有古老型智人和现代人的融合特征，在欧亚地区更新世晚期及全新世人类中罕见。

修复后的隆林人头骨

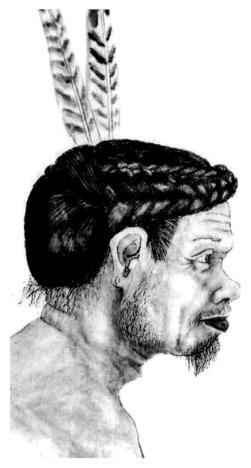

隆林人复原像（吉学平　供图）

　　准确的年代测定非常重要。在考古上，年代判定的
办法主要有两种，一种是加速碳 –14 测试，另一种是铀
系法断代。前者更准确，但只能测试到距今 4 万年，距
今 5 万年以上的就测试不出来了；后者适用范围广一些，
可以测试距今十几万年甚至更早。隆林人头骨出土的地
层已经不存在，无法再发掘了，但在包着头骨的泥土和

岩石的绞结物里，还存在着一些碳和一层很薄的钙板。因此，吉学平和戴伦用两种方法对隆林人和马鹿洞人的年代都进行了测试，最后发表用的是碳-14的测试结果。两种方法得出的结论非常一致：马鹿洞人距今约1.4万年，隆林人距今约1.1万年。经过仔细研究和测量，并与欧亚大陆的一些现代智人相对比，他们意识到，马鹿洞人和隆林人相当特别，猜想他们可能是新种。

对此，吉学平和戴伦作出三种推论：第一种推论认为，马鹿洞人和隆林人是早期智人残存到最晚的记录。因为云南地区与广西隆林地区一直保有民族的多样性，是生物多样性和文化多样性的典型地区，所以，马鹿洞人、隆林人生活的时期也就是现代人变异比较大的时期。他们可能是一个非常特殊的现代人的群体，是一种变异，是1万年前现代人中的"少数民族"。第二种推论认为，马鹿洞人、隆林人是杂交而成的。他们的头骨特征非常特别，但从挖掘遗址来看，他们的文化与当时的现代人又没有太大差别，有许多现代人的行为，比如说人工钻孔、使用颜料、注重埋葬仪式，再加上里面出土的石器工具，认为他们可能是现代人与当地古老的群体杂交而成。第三种推论认为，他们是新种。尽管吉学平和戴伦发现马鹿洞人与隆林人的头骨都有非常特别的特征，但如果命名新种，还需要更多的证据才行。要为人类祖先定新种，要让学界接受，相当困难。现在整个亚洲地区的人种，早期有直立人，后来有早期智人、晚期智人，定种的非常少。吉学平个人更倾向于认为马鹿洞人与隆林人是与现代人共存的、可能在东亚地区与现代人平行进化的古老型智人。

　　吉学平的研究团队发现，中国西南地区直到晚更新世全新世过渡时期仍然有多种古老型人群幸存下来，隆林人遗址发现的人类化石解剖学特征与现代人明显不同，其显示的罕见的镶嵌特征在全球范围内是独有的，可能代表世界范围内从未出现过的至少一种（可能更多）新的古老型人群。因此，隆林人化石的研究对于解释包括中国在内的东亚地区的人类化石和晚更新世人类进化的模式具有重要的意义。

　　晚更新世全新世过渡时期古老型人类——隆林人化石的发现被评为 2011—2012 年度 9 项世界重大考古研究成果之一。

云南省文物考古研究所吉学平研究员（右）和澳大利亚新南威尔士大学古人类学家戴伦·克诺尔（左）在 2011—2012 年度 9 项世界重大考古研究成果颁奖会上合影

娅怀洞人：世界上最先吃上"稻米"的人

广西隆安县乔建镇博浪村四周，是一片平坦的土地。附近 1000 米远的地方，就是浩浩汤汤的右江。有了右江水的滋润，此地树木葱茏，绿草如茵。由于田畴平旷，倘若狂风暴雨袭来，此地似乎没有可躲避的地方，好在离村庄 300 米开外，大自然赐予这片平旷的土地一座孤山。在南方，一般有山就有洞，距山脚 20 米许之处真就有个洞穴。在远古时期，居无定所的先民们把家安在这里，夏躲炽日，冬避严寒，上山可以狩猎，下河可以捕捞，"信可乐也"。

对于现今的当地村民来说，这座孤山上的洞穴多少带有些神秘色彩。当地人都叫这洞为"娅怀洞"。在壮语里，"娅怀"是指长有尾巴、披着长发、尖牙利齿、吃人的"老阿婆"，就是个恐怖的代名词。据说解放前，匪患横行，山洞附近常有土匪剪径，这个神秘洞穴就成了匪窝；解放初期剿匪时，还有走投无路的土匪头子在山洞里自杀……因此，村民们对此洞敬而远之，平时很少有人敢上山，更别说进洞了。

2014 年，广西文物保护与考古研究所研究员谢广维主持发掘大龙潭遗址，对附近洞穴进行调查，发现了这个距大龙潭遗址 1500 米的洞穴遗址。

　　考古工作者最不怕的就是传说中的"娅怀"之类久远的东西，他们还巴不得多寻见此类遗存呢。2015年，受自治区文化厅委派，广西考古专家谢光茂和几位专家到隆安进行"那文化"（稻作文化）调研，在隆安县文物管理所所长卢英杰的带领下，进入娅怀洞遗址考察，寻找村民传说的"娅怀"遗存。此前该遗址在地表发现不少石器和动物遗骨，广西文物保护与考古研究所确信此洞是一处重要的史前文化遗址，于是向国家文物局申请发掘。

　　娅怀洞遗址由两部分构成，一部分是前厅洞，面积较大，接近 100 平方米；另一部分是 10 平方米左右的内洞。发掘工作主要在前厅洞进行。

　　2016 年的一天，谢光茂和其他考古人员像往常一样，对娅怀洞遗址进行发掘。南方地区的洞穴考古十分艰难，考古人员要一边提防头顶的岩石滚落，一边对付脚下的嶙峋乱石，每向下推进几厘米，都要耗费大量的人力。

　　考古人员将这个近 100 平方米的"大客厅"划分

娅怀洞遗址远景。2019 年 10 月 7 日，娅怀洞遗址被公布为全国重点文物保护单位

成四个区域进行发掘，发掘深度近8米，出土了数以万计的石制品、陶片、骨器、蚌器等文化遗物。石制品有石锤、石核、石片、石铲、石锛、穿孔石器，以及砍砸器、刮削器、尖状器、切割器等。制作石器的原料，除常见的砂岩、石英岩、石英外，还有很多少见的燧石、玻璃陨石、水晶等。这么"奢侈"的工具是干啥用的？

黑色半透明的玻璃陨石在众多石制品中相当醒目，它的个头只有手指头大，边缘锋利。像这样锋利的石片，是史前人类直接当作工具用来刮削、切割东西的。

面对这一大堆石器，普通人会一头雾水，但考古人员却能从中分辨出多种工具，特别是体形细小的刮削器数量众多，而砍砸器这样的大型工具很少。刮削器的刃缘锋利，可当作小刀来使用。

在娅怀洞遗址洞厅一侧的岩壁下，考古人员发现了一片大范围的用火遗迹。这里堆积有二三十厘米厚的灰烬，以及许多被火烧过的兽骨和石器。考古人员由此推断，这类似于现代人客厅里的"壁炉"，史前人类曾长时期在这里烧火取暖、烧烤食物。

娅怀洞遗址中还出土了不少螺壳。大部分螺壳的尾部都被敲掉，这和当今大排档上炒田螺的方法是一样的。把田螺的尾部敲掉，让螺口和螺尾相通，煮熟后用嘴一"嘬"，螺肉与汁水一起滑进嘴里，鲜爽无比。原来敲掉螺尾吃螺肉并非当代人的发明，史前人类很有可能早就会这项"绝技"——由此看来，这项技术来自1万多年前啊。

娅怀洞遗址出土的小石器

娅怀洞遗址出土的穿孔石器（上）和骨锥（下）（余明辉 摄）

娅怀洞遗址出土的陶片和磨制石斧（余明辉　摄）

娅怀洞遗址出土的动物遗存

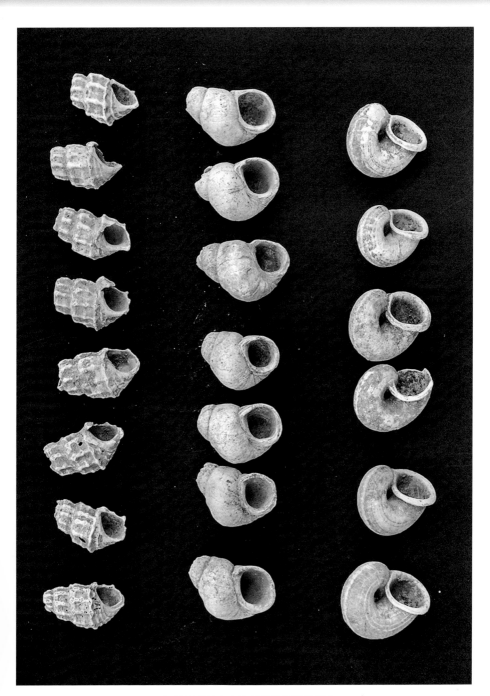

娅怀洞遗址出土的尾部被敲掉的螺壳

发掘到第八层时，一小块头骨渐渐露出土层，引起了考古人员的注意。尽管已经预测到娅怀洞可能有人类骸骨遗存，大家仍然抑制不住兴奋和期待。在长时间、小心翼翼地清理后，一具完整的人类头骨化石重见天日。

这是一具完整的成年人头骨，连牙齿都完好地留在原处。考古专家们激动，不仅仅是因为它的完整，更重要的是，它创造了华南地区的"唯一"。

更新世晚期的人类头骨在我国甚少发现，而且大多缺乏确切年代。经测定，娅怀洞遗址出土的这具头骨化石的年代为距今 1.6 万多年，与著名的山顶洞人的年代大致相同，是华南地区迄今为止所发现的唯一的具有确切地层层位、具有确切测定年份的完整头骨化石。

"十分震撼，难能可贵。"中国科学院古脊椎动物与古人类研究所研究员高星一用这句话评价了这个发现。他说，在南方的酸性土壤条件下，一具 1.6 万多年前的人类头骨能完整地保存至今，真是非常幸运。

在娅怀洞遗址，考古人员还发现了距今 1.6 万多年的稻属植物特有的植硅体。植硅体，指某些植物从水中吸取可溶性二氧化硅后，沉淀形成的一种二氧化硅颗粒，相当于植物身体里的"结石"。这是不是意味着，当时的人们已经先于世界各地吃上了"米饭"？相关专家学者认为，这个发现的意义非常重大，它可以帮助我们探索人类对野生水稻的早期利用。

"这半粒稻种、一点植硅体，关系到农业起源的时间节点。"中国社会科学院考古研究所研究员赵志军说，人类大约在 1 万年前学会了驯化、栽培水稻，在此之前，有很长一段时间是在利用野生稻。娅怀洞遗址发现的野

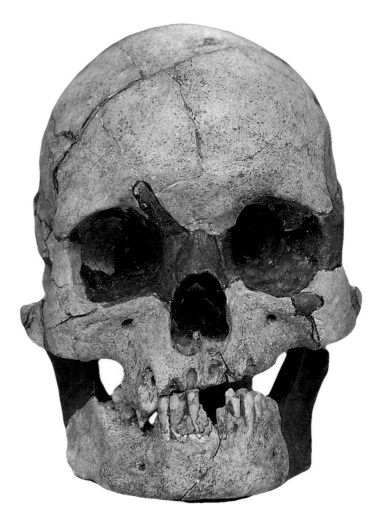

经过修复的娅怀洞遗址出土的人类头骨化石

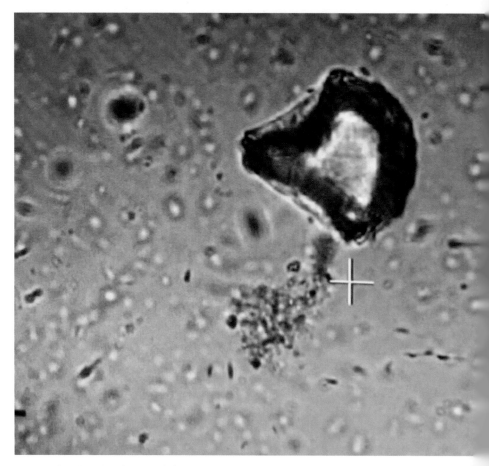

娅怀洞遗址发现的距今 1.6 万多年的野生稻植硅体

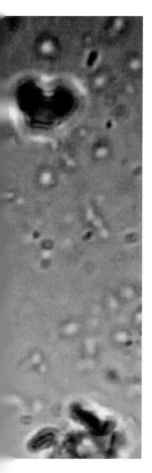

生稻植硅体，是我国乃至世界上考古发现的最早的野生稻遗存。

　　娅怀洞遗址出土的文化遗存大致可以分为四期，由早到晚分别为第一期距今 4 万—3 万年、第二期距今约 2.5 万年、第三期距今约 1.6 万年、第四期距今 5000—4000 年。

　　娅怀洞遗址地层堆积深厚，保存较好，文化内涵丰富而独特，时代跨度大，发展脉络清晰。娅怀洞遗址先民利用这里优越的环境长期居住和生活，并创造出独具特色的史前文化，这对于研究该区域史前人类的生活状况及人地关系具有重要意义。该遗址发现目前我国乃至世界上最早的稻属植硅体，为探寻人类对野生稻资源的利用提供了重要的考古证据，同时也为探讨栽培稻的驯化过程提供了新的线索和思路。

『南蛮』不蛮

历史上，广西属百越之地，一直被划为"南蛮"之地。其实，"南蛮"并不蛮。柳州白莲洞遗址三个不同时期的文化遗存，记录了白莲洞人3万年的洪荒岁月。桂林甑皮岩遗址发现的罐、釜、盘、盆、钵等众多陶器，史前陶器发展序列完整，充分证明了桂林是中国乃至世界陶器起源地之一。南宁顶蛳山遗址众多的螺壳、蚌壳堆积，让顶蛳山"嘬螺大排档"得到了印证。百色革新桥遗址发现的数以万计的石制品，其规模之大、种类之丰富、保存之完好，实属罕见。广西各地均有发现的大石铲，除用来耕作，提高农业生产的效率外，其置放排列的形式充满着神秘色彩，加工制作愈加偏重形式美，以至脱离生产实际，逐渐演化为礼器和祭器。

白莲洞遗址：新旧石器时代文化过渡的舞台

"岭树重遮千里目，江流曲似九回肠"，这是唐代著名文学家柳宗元对柳州的赞誉。

柳州地区地貌类型丰富，形态多种多样，尤以喀斯特地貌最为典型。水是柳州喀斯特地貌的主要塑造者，柳江作为柳州地区主要的地表河流，雕刻出柳州"千峰环野立，一水抱城流"的壮美景观。在地下还有大大小小、数不胜数的暗河潜流，它们从石灰岩裂隙内部迂回穿梭，对易溶于水的岩体进行溶蚀、分割，形成各种各样的地下溶洞。这些大大小小的溶洞，是大自然的恩赐，为数万年前的人们提供了天然庇护所，为文明的萌芽埋下了种子。自从柳江人开始在此地安家后，一拨又一拨的史前人类接踵而来，他们在这块土地上，筚路蓝缕，辛勤耕耘，创造了璀璨夺目的史前文化。白莲洞遗址就是其中的代表。

1956 年初，中国科学院古脊椎动物与古人类研究所和广西文物工作者组成考察队，在裴文中、贾兰坡的率领下，到广西调查巨猿和古人类化石。考察队在南宁兵分两路，一路往南，一路向北，寻找巨猿化石。北上这一组，由裴文中带领，来到了柳州地区。他们翻山越岭，爬山寻洞，终于在柳州东南 12 千米处路边的一座山上发现了一个洞穴。洞穴内的堆积已经被挖岩泥的村民挖乱了，但考察队还是拿着手铲，在洞内仔细寻觅。一开始，他们只发现了一些软体动物壳和少量的鹿骨化石。考察队不甘心，继续寻找。忽然，他们手中的手铲停住

白莲洞遗址外景。2006 年 5 月，白莲洞遗址被公布为全国重点文物保护单位

了，1件扁尖的骨锥、1件粗制的骨针和4件石器出现在厚重的泥层中。这骨锥和骨针虽然已经残破，但是它们深藏着古人类信息，还是露出了某些端倪。而4件石器都是由砾石打击而成，其锋利的刃口可作砍斫之用。考察队敏锐地意识到，这里很可能是一处古人类文化遗址，曾孕育过远古人类的一个重要脉系。当时考察队无法预料的是，这一发现自此揭开了中国南方旧石器考古的序幕。

这个洞穴因其洞口矗立着一块巨大的形似莲花蓓蕾的钟乳石，而被裴文中命名为"白莲洞"。白莲洞自然

环境奇特，迂回曲折的洞中狭道全长 1870 多米，溶洞面积 7000 多平方米，洞穴底层全长 370 多米的地下河道流水清幽，终年不息。洞前有湖泊遗迹，周围群山环绕，景色秀丽。

　　白莲洞遗址是一处旧石器时代向新石器时代过渡的古文化遗址，距发现柳江人化石的通天岩仅 3 千米。遗址所处的白面山海拔约 250 米，高出附近的地面约 152 米。白莲洞外厅实为一半隐蔽的岩厦式洞窟，洞口朝南，高出附近地面约 27 米，洞口高 5～6 米，洞内宽约 18 米，面积 150 多平方米。

柳州白莲洞洞穴科学博物馆外观（柳州白莲洞洞穴科学博物馆　供图）

柳州白莲洞洞穴科学博物馆内景（柳
州白莲洞洞穴科学博物馆·供图）

贾兰坡院士是白莲洞遗址的发现者之一，他生前特为白莲洞遗址题词"白莲清香泥不染，洞里堆积内涵多"，对白莲洞遗址的重要性给予了高度评价（柳州白莲洞洞穴科学博物馆　供图）

白莲洞遗址地层堆积厚达 3 米，时间跨度为距今
37000—7000 年，拥有连续完整的层位，是华南地区洞
穴遗址群中不可多得的更新世晚期至全新世早期、中期
的标准剖面和地点，是罕见的南亚热带晚更新世玉木冰
期以来全球性古气候信息的储存库。白莲洞遗址出土的
动物化石数以千计，有 30 多个种属，包括猕猴、大熊猫、
剑齿象、犀牛、巨貘等大熊猫 - 剑齿象动物群常见成员，
这些动物可能是白莲洞人的盘中餐。这些丰富的动物遗
存为复原古生态环境、探讨华南地区史前人类的生产生
活以及原始农耕与动物驯养活动提供了珍贵的资料。白
莲洞遗址洞穴堆积经历次发掘，共发现人类用火遗迹 2
处，获得人类牙齿化石 2 枚、动物化石 3000 多件、石
制品 500 多件、陶片若干。

白莲洞遗址的文化堆积分为三期。第一期文化年代
为距今 3 万—1.8 万年，出土的石器以燧石制作的小型
石器为主，还有少量砾石石器，此时白莲洞人的经济活
动主要以采集和渔猎为主。可以想见，他们在生活中发
现了用石头可以制作利器。最初他们就地取材，捡来石
头打制成工具，然后使用这些石器、木棍去猎捕野兽和
采集可以充饥的野果。从化石来看，最早的石器为用两
块石头相互碰击而成的锋利石片，用来作切割的工具。
男人们在外面狩猎，没有现代先进的武器，通常需要集
几个大男人的力量才能制服一头凶猛的野兽。彼时男人
们举起大块的石头和粗大的木棍向野兽奋力进攻，因为

只有猎到食物才能填饱肚子，在洞穴里还有他们的女人和孩子，等待着猎到的食物充饥。而女人们则在居住的洞穴里带孩子，用自己勤劳的双手为男人和孩子们提供衣服。第二期文化年代为距今 1.8 万—1.2 万年，这时燧石细小石器明显减少，砾石石器增加并占主导地位，出现了局部磨刃石器和穿孔石器等新的文化因素，表现出由旧石器时代向新石器时代过渡的状态。此时白莲洞人的经济活动虽仍以采集和渔猎为主，但已由发达的采集、渔猎等掠夺性活动向原始农耕和原始驯养等生产性活动过渡。这个时期，为满足生活的需求，他们又学会了制作一些器皿，使用石头磨制或琢制成石器，以作为生活用品。穿孔砾石又称"重石"，是利用较大的砾石两面相对穿孔而成。根据现代民族学的资料得知，它可作为加重物，附加在挖土棒上，成为原始的农具。第三期文化年代为距今 12000—7000 年，已进入新石器时代，文化遗物中出现了通体磨光的石器、骨针、骨锥等，并出土了原始陶片和穿孔装饰品，此时农耕生产有了进一步的发展。这个时期的白莲洞人领悟到了更好的方法，他们把敲下的石头片打磨得更光滑、更锋利。求生的本能让人类石器时代进一步发展。他们用磨制好的锋利石器切削木棍，再用木棍的末梢尖来狩猎。锋利的石器还可以作为刀具，把烤熟的食物切成一块一块的，方便分食。这些尖利的石器还可以作为武器，用于自卫和保护弱小的女人和孩子，以防受到强悍野兽的攻击。

2007年，中国著名旧石器考古学家、中国科学院古脊椎动物与古人类研究所张森水教授（中）在柳州白莲洞洞穴科学博物馆馆长蒋远金研究员（右）的陪同下，对白莲洞遗址出土的石器进行分类和鉴定

白莲洞遗址出土的燧石小石器（第一期）

白莲洞遗址出土的砍砸器（第二期）

白莲洞遗址出土的刮削器（第二期）

白莲洞遗址出土的穿孔石器（第二期）

磨刃石锛   通体磨光的石锛

陶片

白莲洞遗址出土的遗物（第三期）

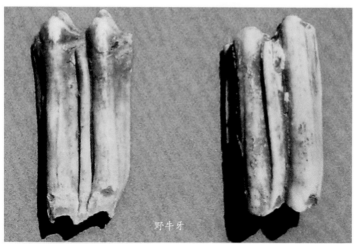

野牛牙

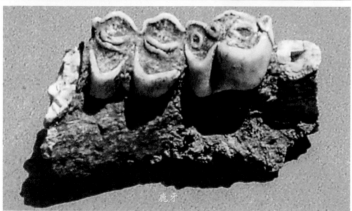

鹿牙

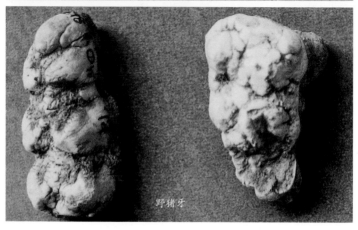

野猪牙

白莲洞遗址出土的部分动物化石

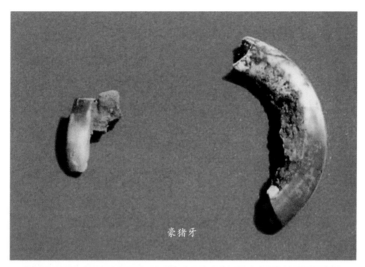

豪猪牙

大象牙

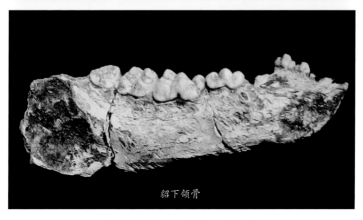

貂下颌骨

白莲洞遗址出土的部分动物化石

白莲洞遗址三个不同时期的厚重文化遗存，共同记录了白莲洞人 3 万年的洪荒岁月，留下了从"茹毛饮血"到"刀耕火种"的史前社会变迁痕迹，清晰地展示了华南地区旧石器文化向新石器文化过渡的轨迹。

在考古学上，有"北有山顶洞，南有白莲洞"之说，以白莲洞人和柳江人等古人类遗址为中心，方圆数十千米范围内，在柳州呈现出一个古人类遗址的群落。

迄今为止，全国共发现古人类化石遗址 72 处，其中广西有 15 处，为全国最多。而柳州，作为南方古人类的发源地，有 3 处古人类化石遗址，浓缩了柳江人、白莲洞人、大龙潭人等数万年史前文化积淀，孕育了灿烂的史前文化。

白莲洞遗址为我们全景式地展示了华南地区旧石器文化向新石器文化过渡的场景。因此，它的发现和研究对于探讨中国南方乃至东南亚地区史前人类文化从旧石器时代向新石器时代的过渡具有极为重要的意义。

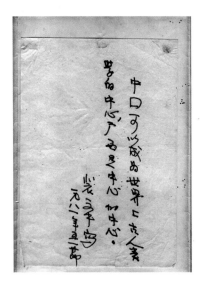

1981 年，柳州白莲洞洞穴科学博物馆开始筹建。同年，裴文中在病榻上为未来的洞穴科学博物馆题词："中国可以成为世界上古人类学的中心，广西是中心的中心。"如今，这幅题词刻在了白莲洞遗址洞口的石壁上，以纪念这位为白莲洞遗址的发现和研究作出重大贡献的科学家

甑皮岩遗址："陶"然而居

　　1965 年 5 月，由广西壮族自治区博物馆、桂林市文物管理委员会联合组成的桂林地区文物普查工作队对桂林市进行文物普查。当时 26 岁的蒋廷瑜大学毕业尚未满一年，被指派与同事们参与西南片区的调查。5 月 31 日，工作队一行人坐火车赶到桂林，在榕城饭店住了下来。每天一大早，他们就用军用水壶灌一壶温开水，买上几个包子或馒头，然后乘公共汽车到郊外调查，中午在野外用包子、馒头就着温开水充饥，直到下午日落前返回。

　　6 月 4 日这天，蒋廷瑜和同事们来到桂林市南郊大风山一带。此处有一个名叫甑皮岩的山洞，位于独山西南麓。中午工作队在洞内歇脚时，无意间用锄头敲了敲，竟在洞口意外敲出了陶片。大家兴奋起来，赶紧试掘，又发现了更多的夹砂陶片、打制石器、兽骨、螺蚌壳。此时天色渐晚，大家只好暂停工作，搭乘公共汽车回到城里。大家都觉得这个洞非常重要，值得深入调查。于是第二天一大早，众人又直奔甑皮岩而去。这一天，他们挖深至 1.6 米，仍未见底，发现了一具头骨，怀疑是墓，又怀疑是灰坑。

蒋廷瑜，1939年出生，1964年毕业于北京大学考古系。毕业后在广西壮族自治区博物馆工作一直到退休，参与了广西各大遗址的发掘，见证了广西几十年来考古工作的发展。广西壮族自治区博物馆原馆长，中国考古学会理事，中国近代铜鼓研究会理事长。主要研究方向为广西考古和铜鼓研究

此后接连两天，工作队继续到甑皮岩试掘。6月7日，上午在探坑内掘得1件磨光石斧，下午在出土人头骨旁发现1件磨光石锛。

接下来的挖掘场景让在场队员发出一片惊呼：现场共发掘出了4具呈屈肢蹲状的人体骨骼。在东壁发现第四副人骨时，同时出土了1件穿孔石器。受当时技术条件的限制，出于对这一重要遗址的保护，工作队决定中止试掘，马上向上级汇报，待条件成熟后再进行正式发掘。

令蒋廷瑜没想到的是，与甑皮岩的下一次接触，竟然足足等上了8年。就在这次试掘后不久，受到"文化大革命"的影响，蒋廷瑜和队友们全部撤离。这个价值巨大的洞穴遗址再次沉寂下来，广西的文物普查工作也进入了"休眠"期。

甑皮岩遗址远景。1978年桂林甑皮岩洞穴遗址陈列馆成立并对外开放，1981年甑皮岩遗址被公布为广西壮族自治区文物保护单位，2001年6月被公布为全国重点文物保护单位，2010年被列为第一批国家考古遗址公园

8 年之后，甑皮岩"重见天日"，其过程可谓惊心动魄。

1973 年，当时的大风山小学决定将附近的相人山西南洞改造成防空洞。在"轰隆隆"的爆破声中，甑皮岩遗址局部遭受破坏。

8 年前曾经参与试掘的原桂林市文物工作队队长赵平，心里始终惦记着这个神秘洞穴。6 月 11 日，当他乘坐三轮车来到这里时，看到现场烟尘弥漫，一片岩壁已被炸裂，他赶紧上前劝阻，劝阻无果后向桂林市文化局汇报。桂林市文化局立即向当时的桂林市革命委员会提交了一份紧急报告，请求停止爆破并抢救发掘这处珍贵的古人类遗址，事情才终于迎来转机，甑皮岩转危为安。

1973 年 6—9 月，桂林市文物管理委员会组成清理小组进驻甑皮岩，开展抢救性发掘工作，这实际上是对甑皮岩的首次正式发掘。根据洞中堆积保存情况，在主洞划分了四个区域进行发掘，一直持续了 3 个月。经过 1965 年的试掘和 1973 年的二次发掘，考古工作人员已发掘洞内文化堆积约四分之一，发现 35 具人类遗骸，多为屈肢蹲状；出土陆栖与水生动物骨骼 40 余种，均属热带、亚热带动物群；出土大量打制石器和磨制石器，发现陶片 1000 余件，骨、角、牙、蚌制品 200 多件。

当时，甑皮岩以其独特的"屈肢蹲葬"埋葬方式和丰富的文化内涵轰动了国内外考古界，堪称 20 世纪 70 年代华南洞穴考古最大的成果。

于是，桂林市有关部门作出决定：保留甑皮岩遗址，筹建甑皮岩洞穴遗址陈列馆。

历次的考古发掘，揭开了这个远古文化遗址的神

甑皮岩遗址 1965 年试掘现场（右一为蒋廷瑜）

甑皮岩遗址 1973 年发掘现场

综合服务中心

桂林甑皮岩遗址博物馆

甑皮岩国家考古遗址公园（桂林甑皮岩遗址博物馆　供图）

甑皮岩遗址展示馆（桂林甑皮岩遗址博物馆　供图）

秘面纱。考古人员在这个洞穴里发现了墓葬、灰坑、火塘、石器加工点等遗迹，出土陶制品近 400 件，石制品5000 多件，其他骨、角、牙、蚌制品 300 多件。此外，还发现大量动植物遗存。

石器

陶片

甑皮岩遗址出土的遗物

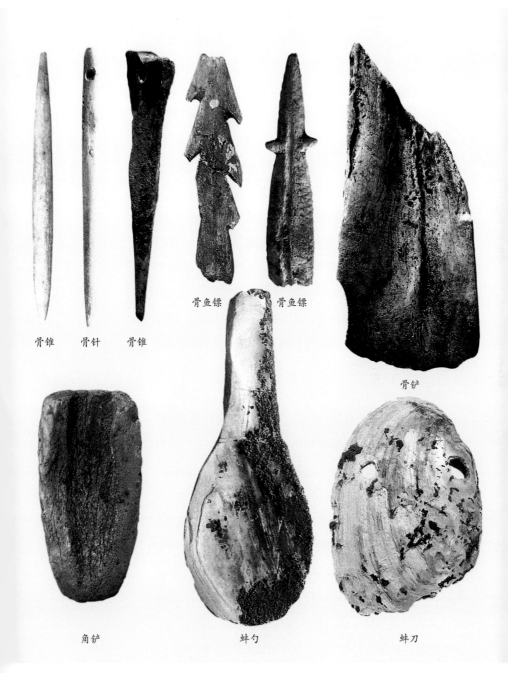

骨锥　　骨针　　骨锥　　骨鱼镖　　骨鱼镖　　　　　　　骨铲

角铲　　　　　　　　蚌勺　　　　　　　　蚌刀

甑皮岩遗址出土的骨器、角器和蚌器

　　根据地层堆积关系以及文化遗物的特征，甑皮岩遗址的史前文化遗存分为五期，第一期年代为距今12000—11000年，第二期年代为距今11000—10000年，第三期年代为距今10000—9000年，第四期年代为距今9000—8000年，第五期年代为距今8000—7000年。从12000年前入住这个洞穴起，到7000年前结束，在长达5000年的时间里，这里一直是甑皮岩人的家园。因此，专家一致认定，甑皮岩遗址是我国目前发现的人类居住时间最长久的新石器时代洞穴遗址。

　　甑皮岩遗址出土的文化遗物以石制品为主，石器可分为打制石器和磨制石器两类。打制石器从第一期到第五期都普遍存在，而且没有明显变化，多用河滩砾石单面加工而成，通常在素材的一边打出刃口，加工比较简单、粗糙，器型有砍砸器、盘状器、切割器、尖状器等；磨制石器到了第五期才出现，器身普遍经过磨制，但重点磨制刃部，器身规整，器型有斧、锛、凿、矛、网坠、穿孔石器等。骨器有骨锥、骨铲、骨鱼镖、骨针、骨笄等，大多经过磨制，特别是骨锥和骨针，制作精致，磨制光滑；角器有角锥、角铲；蚌器有蚌刀、蚌勺、蚌镰等。陶制品在各文化期都有发现。与石器相比，陶器的发展变化明显得多，因为石器的可塑性差，不像制作陶器那样可以随意地加工。在第一期文化遗存中，陶制品不仅数量发现少，而且制作非常原始，用手捏制而成，非常粗糙，烧成温度也很低，是目前中国所见最原始的陶器之一；到了第二期以后，制作技术不断进步，由手捏法发展为泥片贴筑法；到了第五期还出现慢轮修整的制法，陶器数量增多，器型、陶色、纹饰种类都有明显的增加。

器类由第一期单一的陶釜，发展到第五期众多的种类，包括罐、釜、盘、盆、钵、支脚、豆等；纹饰种类丰富、样式复杂，以细绳纹和刻划纹为主，并出现器表施陶衣的现象。

甑皮岩遗址出土的陶罐（第四期，修复后）

陶罐

陶豆

甑皮岩遗址出土的陶器（第五期，修复后）

　　由中国社会科学院考古研究所等单位组成的考古队在 2001 年对甑皮岩遗址进行了再次考古发掘。当年 7 月 1 日，考古队发现了一件造型酷似士兵钢盔的陶器残片，这就是甑皮岩遗址第一期陶器（简称甑皮岩首期陶），考古专家把它称为"圜底釜"。专家利用科学技术测定年代，最终确定甑皮岩首期陶距今已有 1.2 万年的历史。后经专家认证，桂林发现的史前陶器发展序列较完整，充分证明了桂林是中国乃至世界陶器起源地之一。

　　陶器是人类首次运用自然界材料创造出另一种材料的发明，是蕴涵人类非凡智慧的科学技术发明。陶器的发明，在人类发展历程及日常生活中具有极其特殊的重要意义，人类自此从单一的吃"烧烤"，变成了"蒸藜炊黍""炖肉熬汤"，得以"陶"然而居，人类文明从烧烤食物时代进入煮食时代。

　　甑皮岩遗址属于居住遗址，但同时也是掩埋死者的墓葬区。这里流行屈肢葬和蹲踞墓葬，没有随葬品，但在人骨架上放有大小不等的自然石块，有的人骨头部覆以大蚌壳。这种在墓坑中摆放石块和以蚌壳覆盖人骨头部的现象，反映了当时甑皮岩人一种独特的埋葬习俗。

　　甑皮岩遗址出土了大量的动植物遗存，其中植物有近 20 个种属，包括山黄皮、朴树、葡萄、山核桃等；水陆生动物更多，仅哺乳动物就有约 30 个种属，这些动物包括鱼类、贝类、鸟类以及猪、牛、鹿、大象、猴、熊、犀牛等。这些动植物遗存的发现表明，采集和渔猎是甑皮岩人主要的经济活动，他们通过上山打猎、采集野果和下水捕捞等方式获取大量的水陆生动物和植物作为口中美食。

甑皮岩遗址 1973 年发现的墓葬

甑皮岩遗址发现的蹲踞墓葬

甑皮岩文化代表了距今 12000—7000 年古人类在亚热带和热带地区的一种最佳适应方式，也是史前中国多元一体进程的文化源流之一，承载了中国与东南亚地区史前文化交流发展的重要历史信息。甑皮岩遗址是中国制陶技术重要的起源地之一，是现代华南人和东南亚人古老祖先的居住地之一，是距今 1.2 万年时最适合人类居住的地方之一。

甑皮岩遗址以其深厚的文化堆积、清晰的地层序列和丰富的文化内涵成为华南乃至东南亚地区史前考古最重要的标尺和资料库之一，为史前考古学，尤其是华南和东南亚地区史前考古学研究提供了十分丰富的考古资料。因其具有重要的学术价值，自发现以来，许多国内外著名学者纷纷前来参观考察。邓小平等党和国家领导人也曾到甑皮岩遗址考察和指导。

顶蛳山遗址："嘚螺大排档"

很久很久以前，在今南宁市邕宁区蒲庙镇西南 3 千米的新新村九碗坡，有一座低矮的山，山上有一家"嘚螺大排档"。这家"嘚螺大排档"位于水泉与八尺江交汇处三角嘴台地的小山坡上。一排木头制作的干栏式建筑，几个就地挖掘的泥灶上，一排陶罐在"咕嘟咕嘟"地冒着热气……陶罐里，有时能够奢侈地煮着野猪、野鹿等野生动物的肉，但更多的时候煮着的是螺蛳、河蚌。这些螺蛳、河蚌散发着奇香，引得众人纷纷聚拢过来，以期能够饱餐一顿……

这个情景出现在距今 10000—7000 年。

在悠长的历史长河里，在顶蛳山山顶上，这家"嘚螺大排档"留下了 3～4 米厚的螺、蚌壳堆积。喜好"嘚螺"的人，在这个堆积面前，似乎还能够闻到古人煮螺、蚌时的烟火气息，那些绿色环保、无污染的天然螺、蚌发出的醇香味，似乎还在周围萦绕不绝，还能勾出游人的流涎。似乎，不嘚够"九碗"，是不甘心走下这个坡地的了。

说起这个"嘚螺大排档"的发现，那是有故事的。

1994 年 8 月的一天，邕宁县（今南宁市邕宁区）煤炭公司的职工黎仕明来到洪水过后的顶蛳山，突然发现原本布满层层叠叠螺蛳壳的土层里还夹杂着一些兽骨。他捡了几块，送到当时的邕宁县文物管理所。文物管理所的人经过分析，将这几块兽骨当作新石器时代的一般遗物来看待。类似的遗址在南宁市已发现了几十处，在当时没有引起特别的重视，更没有进行发掘。没想到，差一点就让这个遗址遭遇一场劫难。

1996 年，中国社会科学院考古研究所华南工作队队长傅宪国带队来到广西，计划对南方地区的古人类遗址进行专项课题研究。他们从梧州出发，沿着西江水系苦苦寻找了一个多月，都没有找到一处适合进行学术研究的遗址。工作队来到南宁，得知顶蛳山遗址的相关信息后，决定前往顶蛳山考察。然而，他们赶到顶蛳山时，发现遗址上一台推土机正在挖鱼塘，推出来的断面上遍布陶器、石器等器物。他们立即通知县里相关部门制止了施工。

1997—1999 年，中国社会科学院考古研究所、广西文物工作队、南宁市博物馆等单位联合对顶蛳山遗址进行了三次发掘，总共揭露面积 1000 多平方米，发现一大批墓葬和成排的柱洞，出土了大量的文化遗物以及人类食用后遗弃的水陆生动物遗骸。

顶蛳山遗址远景。2001 年，顶蛳山遗址被公布为全国重点文物保护单位

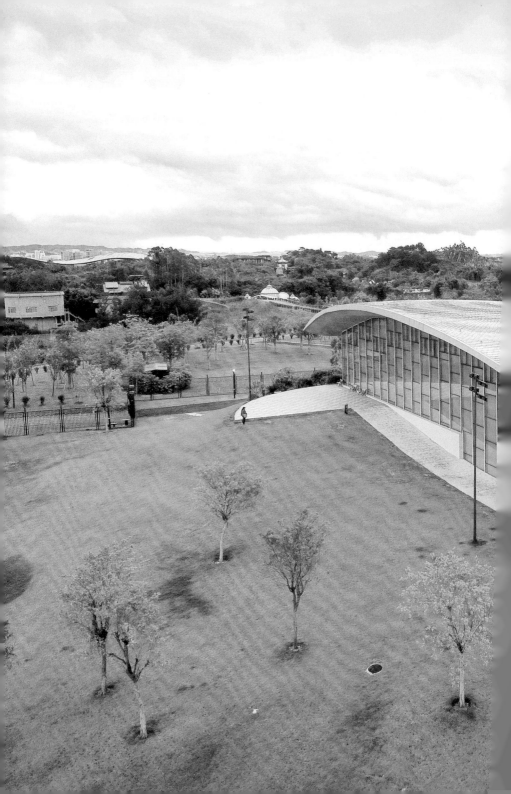

顶蛳山遗址博物馆全景（顶蛳山遗址博物馆　供图）

顶蛳山遗址发掘场景

那些水陆生动物遗骸，主要聚集在顶蛳山山顶上的螺、蚌壳堆积中。这些堆积，薄的地方有 30 ～ 40 厘米，厚的地方有 3 ～ 4 米，顶蛳山的名字就是这么来的，而"嘬螺大排档"也由此得到印证。广西河流众多，适宜螺蛳、河蚌这些水生生物生长，因此，轻易到手的螺蛳、河蚌成为当时古人类的重要食物。顶蛳山下就是清水泉和八尺江。可以想见，顶蛳山人因地制宜，就地取"食"，男女老少在泉边、在江里，捉鱼，捞虾，摸螺蛳，捡河蚌……你追我赶，笑语盈盈，那是一种与现代生活完全不同的远古烟火。

顶蛳山遗址发掘现场筛选螺蛳标本

在对顶蛳山遗址进行的先期发掘中，出土了一大批墓葬，陆续发现了 100 多具遗骸。这些遗骸都有个共同点，就是上面都以石块覆盖，骸骨本身下肢屈至胸前，两上肢屈于背后或屈至颌下。这种葬式被考古界统称为"屈肢葬"。

侧身屈肢葬

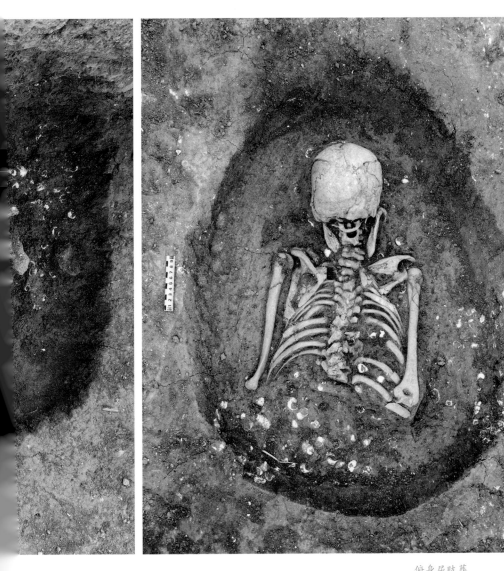

俯身屈肢葬

仰身屈肢葬   肢解葬

肢解葬

这种屈肢葬的葬式，似曾相识。

在 400 多千米开外的桂林甑皮岩遗址，发掘出的一个墓葬区里，发现那里流行的就是屈肢葬和蹲踞葬，人骨架上也放有大小不等的自然石块。

那么，这两者之间有联系吗？

专家推测，大约在全新世早期，中国南方地区发生了特大洪水，漓江两岸被洪水淹没。甑皮岩人扎起竹排、木筏，顺漓江水流而下，"闯世界"去了。他们沿桂江、西江、郁江、柳江、浔江一路迁徙，把漓江人的足迹带到了柳州、南宁、百色，甚至更远的东南亚广大地区。他们在距今 1 万年前后进入珠江中游地区，孕育出一大批河畔贝丘遗址，即后来的顶蛳山文化。

这种推测是有依据的。

考古发现，沿珠江流域的桂江、西江、郁江、柳江、浔江两岸，在广东的肇庆、遂溪，广西的南宁、崇左、合浦、东兴、那坡，以及越南北部一些古人类台地遗址中，陆续发现了与甑皮岩人惊人相似的屈肢葬墓及刻有水波纹的陶片。这些遗址年代都晚于甑皮岩遗址，考古学家有理由推测，这很可能是甑皮岩人后裔迁徙留下的遗址。

顶蛳山遗址的三次发掘，出土了数量众多的石器、陶片、骨器、蚌器等史前人类生活用具和生产工具。石器分为打制石器和磨制石器两类。打制石器主要见于第一期，多以玻璃陨石作为原料，打下锋利的细小石片，用作切割工具；磨制石器有斧、锛、穿孔石器、砺石等，以通体磨制的斧、锛为主，但大部分仅刃部磨制较精，器身其他部位保留有较多制坯时的打击疤痕。陶器以夹砂粗陶为主，均为手工制作，到了后期出

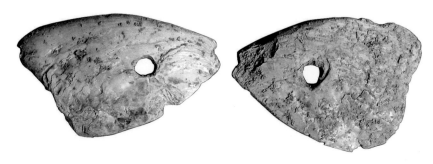

蚌刀

蚌铲

蚌匕

顶蛳山遗址出土的蚌器

现轮修技术；陶器表面多饰以绳纹和篮纹，器类有陶罐、陶釜、陶杯等。骨器以磨制较精细的斧、锛、锥为主。蚌器主要为穿孔蚌刀，状如鱼头，很有特色。

甑皮岩人已经能制造陶器，顶蛳山人显然也继承了这种手艺，他们的陶罐造型优美，线条流畅。这些陶罐显然是拿来炖煮食物的。他们会用石器和木矛与野兽搏击，用蚌壳磨成的蚌刀割取食物，还会用骨头做的鱼钩进行垂钓，以获取最新鲜的河鱼……

顶蛳山遗址出土的蚌坠

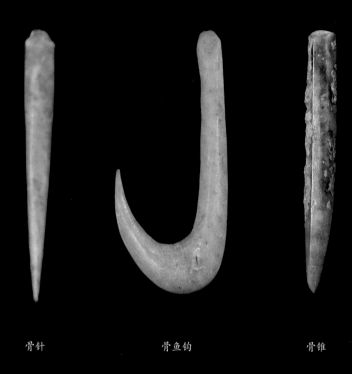

骨针　　　　　　骨鱼钩　　　　　　骨锥

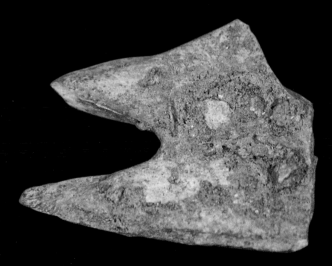

骨叉

顶蛳山遗址出土的骨器

骨铲

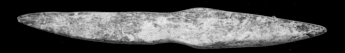

骨镞

骨簪

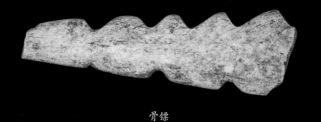

骨镖

顶蛳山遗址出土的骨器

石砧

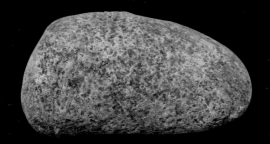

石锤

石研磨器

顶蛳山遗址出土的石器

石刀

石斧

顶蛳山遗址出土的石器

石矛

斧、锛类石器毛坯

石锛

顶蛳山遗址出土的石器

陶釜（第二期，复原后）

陶罐（第三期，复原后）

双耳陶罐（第四期，复原后）

顶蛳山遗址出土的陶器

　　顶蛳山人的聪明才智让人不得不佩服。考古发掘发现，顶蛳山遗址已有了较明确的功能分区。从东到西，大致可分为居住区、墓葬区和垃圾区三个部分。居住区在东面，那里发现有成排的、近似圆形的柱洞20余个，初步可确认当时的建筑为长方形的干栏式建筑。顶蛳山人在此起居、生活，其乐融融。中间部分是墓葬区，共发现331座墓葬，发掘出400多具人类遗骸。在西部，则是垃圾区。那时的古人类竟然已经有了将垃圾集中堆放的现代人的环保观念。

干栏式建筑复原图

顶蛳山遗址发掘最重要的收获是发现大批墓葬。这些墓葬分布密集，同一时期和不同时期的墓葬相互撞破、叠压，相互间的关系错综复杂、难以辨别。大部分为单人葬墓，少数为合葬墓，最大的合葬墓包括了7个个体的人类遗骸。葬式主要为屈肢葬，遗址还发现了一种全新的葬式——肢解葬。

屈肢葬是史前主要葬式之一。这种葬式在广西的新石器时代墓葬中甚为流行，在顶蛳山遗址中，屈肢葬占绝大部分。屈肢葬包括仰身屈肢、俯身屈肢、侧身屈肢和屈肢蹲葬四种。这种葬式就是将死者的四肢装殓成弯曲状。但是在正常情况下，人死僵硬以后，尸体是挺直的，若要将之装殓成屈肢姿势，就必须在尸体尚未僵硬前用绳子、藤蔓或布条等绑成屈肢姿势，然后才下葬。为什么要施行这种屈肢葬呢？一般认为，史前人类认为屈肢葬可以阻止死者灵魂走出，向生人作祟。将死者捆绑起来，甚至在其上面加上大石板，这样就可以限制死人亡魂的自由了。但也有人认为，屈肢葬反映人在生前的一种休息或睡眠的自然姿态，即肢体呈弯曲状，所以人死后按照这种姿态入葬。现代民族学的资料也有这种记载：木里藏族自治县普米族的葬俗就是将尸体捆缚成蹲坐状放置在屋门侧边，围绕尸体垒成圆拱状并用泥巴涂抹起来以防臭气四溢，在顶部插入一根各节已打穿了的圆竹，顶端通往屋顶以外，使臭气顺着竹筒向屋外消散，待尸体腐烂后，才将遗骨埋葬。这表明生者希望死者能像生前一样，采取屈肢这种合乎休息或睡眠的自然姿态。但这种解释并不全面，因为屈肢葬有四种形式，并非都是休息或睡眠的自然姿态。

　　肢解葬就是把人体从关节处肢解，分别放置在墓中，尽管在关节处未见明显的切割痕迹，但是未切割部分的人体关节，尤其手、脚趾关节均未脱离原位，与二次葬有较大差异，应是在死者软组织尚未腐烂时有意肢解、摆放而成的。例如，顶蛳山遗址编号为 M65 的墓葬中，从摆放的人骨架可以清楚地看出，死者在入土时其头颅被割下来置于胸腔内；左、右上肢自肩胛骨处割下，分别置于墓葬两端；自腰部将盆骨割下，并将左、右下肢自股骨头处肢解，盆骨倒扣在身体右侧，双下肢屈置于墓葬东侧。这种身体各部分的异位显然是人为的，特别是完整地被胸腔裹着的头颅更清楚地表明，这是肢解葬。对于肢解葬的成因，有学者认为是氏族部落战争所造成的非正常死亡。他们推测 8000—7000 年前，南宁邕江河段两岸地区水土丰饶，物产丰富，吸引着越来越多的族群来此居住。随着社会的发展，人口日益增多，人均拥有自然资源的数量减少，以氏族聚落为单位的疆域观念必然产生，在自然资源、人口分布与资源分配不相适应的情况下，必然会发生争夺资源的械斗或战争，就会出现被"碎尸万段"的死者，从而形成肢解葬。但这仅是一家之言，真正的原因尚未清楚。

　　顶蛳山遗址墓葬的墓坑为长方形竖穴状，大小因葬式而不同。例如，屈肢葬的墓坑要比蹲踞葬的长，前者一般为 90 ～ 110 厘米，后者为 55 厘米左右，头向西南。多数墓葬中没有随葬品，有随葬品的墓葬通常也只有一两件石器，或骨器、蚌器等，表明当时尚未出现贫富分化。由于埋藏环境不好，墓葬中出土的人骨架均受到不同程度的风化，使得骨头变白、变脆。对人骨的研究结果表明，顶蛳山人的寿命很短，年龄多在 30 ～ 40 岁之间。

　　根据地层关系和出土遗物的特征，顶蛳山遗址的文化遗存可分为四期，其中第一期的年代为距今约 1 万年，属于新石器时代早期；第二、第三期的年代为距今 8000—7000 年，属于新石器时代中期；第四期的年代为距今约 6000 年，属于新石器时代晚期。第二、第三期的文化面貌基本一致，被命名为"顶蛳山文化"。

　　顶蛳山遗址为广西最重要的新石器时代遗址之一。该遗址的发掘，对于认识广西地区史前文化的特征和内涵，构建广西地区史前文化的基本框架和序列，确立广西在中国史前文化中的地位等均具有重要的意义。因此，顶蛳山遗址的发掘，被评为 1997 年度"全国十大考古新发现"之一。

革新桥遗址：史前石器工厂

在广西百色盆地西端百色市百色镇东笋村百林屯东南面约 300 米、东距百色市约 10 千米的地方，距今 6000 多年，那里曾经是一座"工厂"。

这座 6000 多年前的"工厂"，选址与现代的工厂有异曲同工之处：古代人没有电，没有机械，无法通过电力、机械力等现代化手段进行"三通一平"（通电、通路、通水、土地平整），但他们会因地制宜，选址在一个背山面水的平坦台地上，免去土地平整的巨大工作量。平台东侧有一条小溪与右江交汇——"三通"中的"通水"问题解决了。一面安装"设备"——石锤、石砧、砺石等，一面大量搬进砾石、岩块作原料，这座专门加工石器的"工厂"就正式建成了。身强力壮者作为主要"技术工人"，挥起石锤，在石砧上对砾石石料进行加工，依照脑海中的"图纸"加工出自己需要的工具。于是，这座"工厂"便开始正式运作了。石头间持续不断地碰撞发出时而清脆、时而沉闷的声音，与人的声音、风的声音交织在一起，在山野间回响，呈现出一片热火朝天的景象……

革新桥遗址位置与周围环境

　　这种景象被埋存在历史的岁月里，历经 6000 多年的尘封，直到 2002 年 4 月开始被慢慢发掘出来。这就是近年来获得重大考古发现的新石器时代遗址——革新桥遗址。遗址在百色至罗村口高速公路建设进行的文物调查中首次被发现，因遗址东南角有一座名为革新桥的公路桥，故名。2002 年 10 月至 2003 年 3 月，广西文物工作队会同百色市右江民族博物馆、百色市右江区文物管理所，对遗址进行抢救性发掘，历时 100 多天，揭露面积 1600 多平方米，发掘工作取得了重大收获，出土了数以万计的文化遗物。这座大型石器制造场，就是这个遗址最重大的发现。

　　革新桥遗址整个发掘区的地层堆积可分为五层，其中第三、第四、第五层为新石器时代文化层。

　　石器制造场位于发掘区的东南部，处于地层堆积的第五层。在发掘之初，考古人员并不知道这里有石器制造场。在有的探方下挖到石器制造场这一层时，发掘人员发现石制品突然增多，而且成片分布，密密麻麻。开始，大家还无法解释这种现象。为破解谜团，考古发掘领队谢光茂决定对出现这种现象的探方暂停下挖，等待其他探方的挖掘情况。结果发现，这种现象不单在一个探方出现，许多探方都有，而且是连成一片的。石制品中有砾石、石锤、石砧、砺石，以及斧和锛的毛坯、半成品、成品，还有断块、碎片等，每个类别的数量都很多。谢光茂想到这里可能是制造石器的场所，这些砾

毛坯   半成品   成品

革新桥遗址出土的石锛各制品

毛坯   半成品   成品

革新桥遗址出土的石斧各制品

石就是制作石器的原料，石锤、石砧、砺石无疑是制造工具，斧、锛等器物的毛坯、半成品、成品应是制作过程中不同阶段的产品，大量的断块、碎片以及残品当然是制作过程遗留下来的废品。作为石器制造场的所有要素，这里都具备了。考古人员据此断定，这是一处石器制作场所，用现今的话来说，就是石器制造厂。

这是一个全新的发现，因为它在广西考古上是史无前例的。

在制造场内，发现了数以万计的石制品，包括石料、加工工具、毛坯、半成品、成品、废品等。在石制品比较集中的地方，通常都有一个石砧。以石砧为中心，散布着许多砾石石料、断块、碎片等，石锤、砺石等加工工具，以及石斧、石锛等产品的毛坯、半成品、成品。令人感兴趣的是，有的石砧的一边分布的石制品很少，甚至没有石制品，而在另一边则散布着许多石制品，其散布面近似扇形，石砧就在"扇"的把端，暗示着缺少石制品的一边是石器制作者所在的位置。这一形状表明，古人类以石砧作为"工作台"，他们把砾石原料放在"工作台"上，用石锤打制它，再用砺石磨制，使其被制成石斧、石锛等产品。在制作过程中，飞溅的石碎片、原料和各阶段的产品，在地上形成了一个扇形分布，而"扇子"的缺角，即没有石制品的一角，正是工匠的位置。

革新桥遗址石器制造场发掘场景

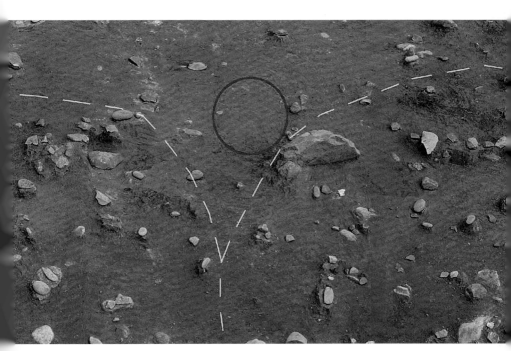

石砧与推测的工匠制作石器时所在位置(红圈)

20 世纪初，澳大利亚土著人在制作石器的场景。位于图中右下角者左手握住石料计置于底下的大石砧上，右手举起石锤进行砸击。由此推测新石器时代的革新桥人也是这样制作石器的

革新桥遗址出土的石器分为打制石器和磨制石器两大类。器型丰富多样，有砍砸器、刮削器、尖状器、敲砸器、切割器、穿孔器、研磨器、石斧、石锛、石凿、石璜、石拍、石锤、石砧、砺石等。此外，还有一定数量的石核和石片。

砍砸器是打制石器中数量最多的一种工具，通常以较粗大的扁长形或扁圆形砾石为原料，在一边单面打制而成。研磨器数量也很多，是该遗址最具特征的器物之一，长一般在 10 ~ 15 厘米，使用部位在较粗一端的底部，这个部位有一个大致呈圆形的研磨面。有的研磨器形状略似腰鼓，制作非常精致、对称、美观。研磨器是和研磨盘配对使用的。斧、锛类是磨制石器的主体部分，通体磨制，但大部分仅刃部磨制较精细，几乎不留打击疤痕，而器身略加磨制，留有较多深而大的打击片疤，平面通常呈近长方形、梯形、三角形，长度约 10 厘米。石凿数量不多，但有一种凹刃石凿制作比较特别、精致。

革新桥遗址还出土了一件石拍。石拍不完整，部分已缺失。平整的拍面上刻有方格纹，用来增强拍打的功能。考古研究及民族学资料表明，这种石拍是用来制作树皮布的，这表明我们的先民早在五六千年前的新石器时代已开始制作和使用树皮布，穿上了纯天然的树皮衣服。

研磨盘   研磨器

革新桥遗址出土的研磨盘和研磨器。这两种器物是配对使用的，可能主要用于研磨食用的植物

革新桥遗址出土的石拍，是用来制作树皮布的

革新桥遗址出土的尖状器

革新桥遗址出土的砍砸器

　　革新桥石器制造场出土的加工工具多种多样，主要有石锤、石砧和砺石等。有些加工工具在以往的考古发掘中未曾发现过。石锤是加工工具中数量最多的一种，大多是选用合适的砾石直接使用，经过加工制作的石锤几乎没有。通常在器身的一端或两端布满打击疤痕，有的甚至周身都有打击疤痕。石锤多数为拳头大小；长条形者，其长多在 15 ～ 20 厘米。石砧是置于地上的垫打工具，因此一般大而厚重，最大者长 57 厘米、宽 26 厘米、厚 17 厘米，重量在 30 千克以上，有的大石砧还兼做砺石使用。在石砧的一个面或两个面，有的甚至包括侧面都有密密麻麻的砸击坑疤；有的由于多次反复使用，就如同切菜的砧板一样，中间部位的使用面明显内凹。砺石是用来砥砺斧、锛等磨制石器的，表面留有磨制器物的磨痕，磨痕分弧形和槽形两种。

　　此次发掘除发现一大型石器制造场外，还发现两座古墓葬。此外，还出土了大量的动植物遗存以及少量陶片。动物有大象、猴、熊、鹿等 10 多个种类。这些动植物遗存，应是工匠们临时用餐时所遗弃的残留物。他们在这里燃起篝火，屠宰猎物，边烤边吃，同时享用的食物还有从河中捕捞的鱼虾鳖类以及周围采集的野果等。

　　革新桥遗址属于新石器时代中晚期遗址。文化遗存分为两期，第一期的年代为距今 6000 年左右，石器制造场和墓葬均属于这一期；第二期的年代为距今 5500 年左右。

石锤

砺石

革新桥遗址出土的加工工具

　　革新桥遗址是百色地区面积较大、保存最好的新石器时代中晚期遗址。特别是这里发现的石器制造场，在当时的广西新石器时代遗址中尚属首例；作为单一地点的石器制造场来说，其规模之大，石制品之丰富，保存之完好，在全国也是极为罕见的。这对于研究当时石器制作的流程、制作工艺和技术以及社会分工等，都具有非常高的学术价值。该遗址的发掘，被评为2002年度"全国十大考古新发现"之一。

大石铲：祭拜神灵的礼器

　　农家常见的铲子，是一种由铁、木构成的农业生产工具。农民们用它来铲地除草，锄地挖坎，用途广泛。那么我们的远古先民，在没有铁器的年代，他们有类似于铲子的用具吗？

　　还真有！

　　1952 年，在广西大新县修筑道路的民工们无意中挖出一块形状奇怪的石头，其上下大小不一，扁而薄，有点像农家常用的铲子。20 世纪五六十年代，隆安县右江下游一带的农民，经常会在田间地头挖到类似的石器。这些文物在当时并没有引起人们的重视，仅被文物部门当作一般史前文化遗物，归入"有肩石器"之列。数年后，毗邻左江、右江的扶绥县国营金光农场在开垦种植时，发现了大批类似石铲，其分布范围竟达方圆 2 千米左右。此时，当地文物部门才加以重视，并在南宁地区开展大规模普查。经过这次普查，发现有石铲散布的史前文化遗址竟有 30 多处。其中，隆安县几乎每一个村庄都发现了大石铲的遗迹，甚至发现了整坑都是大石铲的史前文化遗存。此外，在南宁市郊、武鸣县（今武鸣区）等地，相继出土石铲的遗址范围之广，石铲数量之丰富，超出人们的想象。

在 1962—1965 年进行的广西文物普查中，考古队注意到了这些石器，判断其为新石器时代的文化遗存。1978 年，人们在隆安县乔建镇大龙潭附近建酒厂时，挖到了大量石铲，这引起了考古界的高度重视。广西文物工作队到现场发掘，却发现了一番十分奇怪的景象——只见现场数十件石铲并排，刃部朝上，直立或斜立，以交叉叠放或排列组合进行摆放。

为了了解大石铲遗址的文化内涵，广西考古人员从 20 世纪 70 年代开始，对大石铲遗址进行一系列发掘和研究。其中有几项发掘获得重大发现：1979 年广西文物工作队经过对隆安县大龙潭遗址的发掘，发现了灰坑、沟槽、红烧土坑以及不同形式排列的石铲组合遗迹，出土大量石铲；1991—1992 年，配合南昆铁路建设而发掘的隆安县大山岭、秃斗岭、麻风坡、雷美岭、内军坡等遗址，发现了多个石铲遗迹（祭祀坑）和墓葬，出土了一批石器和陶器；2011 年，配合云桂铁路建设而发掘的隆安县谷红岭遗址和介榜遗址，发现了墓葬和祭祀坑，出土了数量较多的石器和陶器；2012 年 5 月，广西文物保护与考古研究所和南宁市博物馆在南宁市坛洛镇的雷懂遗址发掘出土了大批石铲，其中完整的石铲有 100 多件。数十年来，广西共发现石铲 10000 余件，光完整的就超过 700 件，共有大石铲遗址 140 多处，其分布范围主要集中在南部的左江、右江、邕江流域，以三江交汇处的南宁隆安县、西乡塘区一带为核心区，扩散辐射至广东、海南和越南北部，考古界以核心地域将其命名为"桂南大石铲"。石铲是新石器时代常见的一种生产工具，然而在广西南部发现的这些石铲却有所不同。

隆安大龙潭遗址全景

首先它是名副其实的"大石铲",最大者长 70 多厘米,重几十千克,可谓体型巨大;其次是制作精致,式样繁多,尤其是石铲肩部的制作,有的几至繁缛地步。它是广西独具特色的史前文化遗存。

大石铲用岩块制作而成,先经过制坯,再进行磨光,形式多样,有单肩、双肩、束腰等不同款式;体形大小不一,小者数厘米,大者六七十厘米。棱角分明,打磨光滑,刃边厚钝,器身扁薄,造型精美,堪称石器文化的杰作。其中,以一件楔形双肩大石铲最为精美,它长 66.7 厘米、宽 27.2 厘米、厚 1.9 厘米,重 8285 克,通体打磨光滑,束腰而有棱肩,双肩对称,肩下逐渐内收成弧形,弧线柔和圆润,整体造型优美而庄重,堪称石器中的艺术杰作。其加工制作精美,鬼斧神工,令人叹服。该大石铲现收藏于广西壮族自治区博物馆,是镇馆之宝。

那么,这些石铲来自哪个时代?是如何制造出来的?制造者又是谁?它们仅仅是一种生产工具吗?为什么只有广西拥有如此多的石铲?这些问题有如重重迷雾,困扰了考古学界多年。

最早破解的是大石铲的断代问题。专家们通过一些和大石铲同时出土的陶器、石器样式的比对,推断出大石铲的年代范围,大约在新石器时代晚期。而通过对多处遗址的木炭样本进行碳 –14 测定,结果显示其年代为距今 5000—4000 年,尤以距今约 4500 年相对集中。大石铲是由新石器时代广西各地普遍存在的有肩石斧演变而来的,各地的石铲款式如此之多、分布如此之广,

考古人员在清理一处大石铲遗迹（雷懂遗址）

隆安大龙潭遗址出土的大石铲制作精致、对称美观，现收藏于广西壮族自治区博物馆

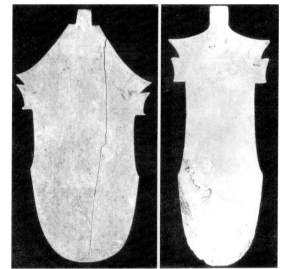

同为隆安大龙潭遗址
出土的大石铲，左边
的斜肩短袖，体胖圆
润；右边的整个器身
宛若淑女身材，形态
美丽

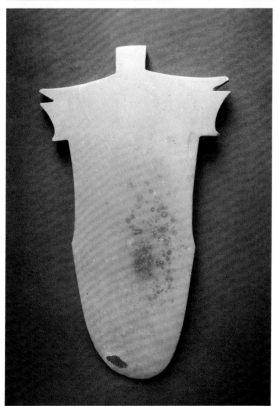

南宁坛洛雷懂遗址出
土的大石铲，宽肩瘦
身，外形硬朗

说明先民的主要生产方式从渔猎变成了农耕，农业已经达到了一定的生产规模。

那么，是谁制造了大石铲？

一件件精美的大石铲表明，广西的史前人类已从刀耕火种中腾出精力，有余暇投入追求美感的艺术创造中。那么大石铲的制造者来自何方，是岭南本地原始部落，还是北方南迁的部落来到广西后，吸取了岭南文化而诞生的新部族呢？

距今 8000—5500 年的广西南部的邕江、左江、右江流域，存在着一种渔猎文化遗存——顶蛳山文化，这一类遗址通常称为贝丘遗址。遗址中出土了一种有肩石斧被认为是大石铲的祖形。那么制造大石铲的族群是否就是顶蛳山人的后代？

专家们在距隆安大龙潭仅 60 余千米的武鸣弄山岩洞葬遗址，找到了 7 件用细砂页岩制成的硬度低、易碎断的大石铲。这些大石铲在石料、器形及加工方式上与大石铲文化遗址或地点中出土的完全相同。

岩洞葬是骆越先民的重要习俗，弄山遗址的时代距今约 4000 年，正好是大石铲文化的末期。这些墓葬表明，这里的先民既传承了大石铲的祭祀文化，又发展了骆越人的墓葬习俗，恰好处于文化演变的中间环节。

在大石铲主要分布区域，先后出现了贝丘文化、大石铲文化和岩洞葬文化，根据三种文化在地理位置的一致性和时间上的延续性判断，从顶蛳山人到大石铲族群，再到骆越先民，形成了一个比较完整的文化传承链条。

那么，这些石铲仅仅是用来耕作的劳动工具吗？专家们敏锐地发现，大部分出土的石铲并没有任何使用痕迹。器体扁薄且多为硬度较低的石材制成，最大者体形过大，最小者仅几厘米长，不适合作为日常生产的实用工具。出土时它们的排列方式也很特殊，大致有圆圈形、"冂"字形、队列形等。

一种观点认为，大部分大石铲是作为农业生产工具，部分遗址是石器的加工场；另一种观点则认为，大石铲脆薄易断，无法用于耕作，石铲摆放有序、排列整齐，应该是祭祀用具。也有的学者认为，在上千年的时间里，大石铲慢慢从生产工具演变为祭祀用具。从 20 世纪 80 年代起，学界围绕大石铲功用形成的讨论持续了 30 余年，众说纷纭，没有一个确定的结论。

2014 年，广西文物保护与考古研究所再次对隆安大龙潭遗址进行大规模发掘，考古人员发现一个圆形深坑，直径约 2 米，深 2～3 米，坑壁有一通道相连。坑内放有数层石铲，每层石铲的底部有烧土和炭碎，石铲的排列有一定的规律。此前，在谷红岭遗址中，考古人员发现一个直径近 2 米、深 0.7 米的圆坑，里面有破碎的石铲和陶器以及红烧土、炭碎等。这些遗迹应与宗教祭祀有关。在考古发掘时发现，石铲的摆放、排列往往呈现一定的规律，直立或斜立排列组合，均刃部朝上，柄部朝下，由数件分别构成一定的队列，如"冂"字形、圆圈形。充满着神秘色彩的石铲堆放形式，明显寓意深刻。那些用易碎的石材甚至用玉石制作的形体夸张得特别硕大或特别小巧，又特别精美的石铲，显然不是实用工具，而纯粹是祭祀用品。大石铲作为农业祭祀中摆设的用具，在加工制作方面越来越偏重形式美，以致脱离生产实际。

隆安大龙潭遗址的大石铲祭祀场

隆安内军坡遗址发现的碎石铲堆积遗迹，在一个平面近圆形的大浅坑内，发现大量的大石铲碎片。这些大石铲碎片大多数表面磨制光滑，表明是有意打碎堆在一起的。该遗址旁边是一座高大的石山，大石铲碎片堆积的存在暗示着几千年前这里是一处祭祀场所

　　隆安大龙潭大型石铲祭祀遗址的发现，基本上为大石铲功用的争论画上了一个句号。

　　大石铲为何会出现上述从实用到非实用功能的演变？

　　学者揭示，在稻作生产过程中，人们越来越感受到大石铲作为生产工具的重要性，认为它是人们与上天进行沟通的媒介，通过特殊的仪式可把人们的愿望上达于天。因此，大石铲逐渐成为人们崇拜的对象。也正因如此，大石铲体量逐渐变大，造型趋于装饰化，进而从农业生产工具逐渐演变为礼器和祭器，并进一步延伸出更多的宗教意义，如祈求人口繁衍、部落兴旺、盟誓见证等。隆安大龙潭遗址出土的大石铲，以圆圈形或"冂"字形

隆安麻凤坡遗址发现的大石铲遗迹，在一个长方形坑的两端排满大石铲，而中间的两侧各放置1件大石铲，呈对称排列

隆安大龙潭遗址发现的大石铲遗迹，上图大石铲倒立着排成一列，下图大石铲竖立并排成圆圈状

隆安大龙潭遗址发现
的大石铲遗迹，大石
铲倒立起来

隆安内军坡遗址发现
的大石铲遗迹，3把
大石铲按大小排列并
倒立起来

两种方式排列组合，有学者认为这是天圆地方观念的体现，也有学者认为它可能是男女生殖器的象征，其祭祀的对象是掌控生殖能力的大地之神。

桂南大石铲文化作为广西最具地域特色的一种原始文化，其以独特的形态、神秘的埋放方式向人们展示了一种原始而古老的祭祀图景。大石铲以高超的工艺、神秘的形态、复杂的功用，揭示了四五千年前先民从蒙昧走向文明的历史进程，是广西古文明探源的重要组成部分。

后记

　　广西在中国和东南亚史前考古研究中具有非常重要的地位，百色旧石器、娅怀洞遗址、柳江人化石、甑皮岩遗址等一批古人类化石与史前文化遗址如耀眼的明珠点缀在八桂大地上，吸引世人的目光，成为广西亮丽的文化名片。为了展示广西史前考古的成果，宣传广西灿烂的古代文化，我们编写了《史前人类足迹》这本书。

　　本书由我和黄少崇合作完成。黄少崇系广西作家协会理事、广西散文学会副会长、来宾市作家协会主席，发表了数十万字的中短篇小说和散文。

　　本书的编写，得到了不少同行的关心和支持。中国科学院昆明动物研究所吉学平研究员，中国科学院古脊椎动物与古人类研究所金昌柱研究员、刘武研究员、张建军先生，中国社会科学院考古研究所傅宪国研究员，广西文物保护与考古研究所李珍研究员、谢广维研究员，柳州白莲洞洞穴科学博物馆蒋远金研究员等提供了部分照片。在编写中，我们还从部分作者以及媒体的相关文章中参考、采纳了部分资料，在此一并表示感谢！

谢光茂

2023 年 6 月